AF343451

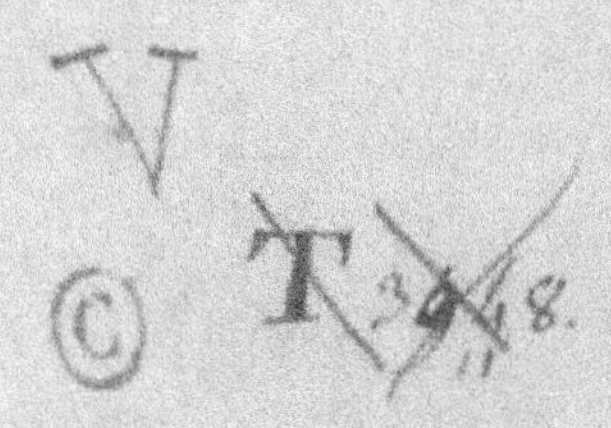

L'ART

DE

FAIRE LES EAUX-DE-VIE

ET LES VINAIGRES.

L'ART

DE FAIRE LES EAUX-DE-VIE,

D'APRÈS LA DOCTRINE DE CHAPTAL;

Où l'on trouve les procédés de ROZIER, pour économiser la dépense de leur distillation, et augmenter la spirituosité des Eaux-de-vie de vin, de lie, de marcs, de cidre, de grains, etc. ;

SUIVI

DE L'ART DE FAIRE LES VINAIGRES

SIMPLES ET COMPOSÉS,

AVEC la méthode en usage à Orléans pour leur fabrication ; les recettes des Vinaigres aromatiques, et les procédés par lesquels on obtient le Vinaigre de bière, de cidre, de lait, de malt, etc.

Par PARMENTIER de l'Institut national.

OUVRAGE orné de Cinq Planches représentans les diverses Machines et Instrumens servant à la fabrication de EAUX-DE-VIE.

A PARIS,

Chez DELALAIN, fils, libraire, quai des Augustins, n°. 29.

DE L'IMPRIMERIE DE MARCHANT.

AN X. — 1801.

L'ART

DE

FAIRE LES EAUX-DE-VIE.

PRINCIPES

DE LA DISTILLATION

DES EAUX-DE-VIE,

Par le Citoyen CHAPTAL, Ministre de l'Intérieur.

LES anciens, qui avoient sur la fabrication et la conservation des vins, des idées saines et exactes, paroissent avoir ignoré l'art d'en extraire l'eau-de-vie; et c'est à *Arnauld de Villeneuve*, professeur de médecine à Montpellier, qu'on rapporte les premières notions exactes qu'on a eues de la distillation des vins.

La distillation des vins a donné une nouvelle valeur à cette production territoriale. Non seulement elle a fourni une nouvelle boisson plus forte et incorruptible; mais elle a fait connoître aux arts le véritable dissolvant des résines et des principes aromatiques, en même-temps qu'un moyen aussi simple que sûr de conserver et de préserver de toute décomposition putride les substances animales et végétales. C'est sur ces propriétés remarquables que se sont établis successivement l'art du *vernisseur*, celui du *parfumeur*, celui du *liquoriste*, et autres, fondés sur les mêmes bases.

L'alkool (ou esprit de vin), qui fait le vrai caractère du vin, est le produit de la décomposition du sucre ; et sa quantité est toujours en proportion de celle du sucre qui a été décomposé.

L'alkool est donc plus ou moins abondant dans les vins. Ceux des climats chauds en fournissent beaucoup ; ceux des climats froids n'en donnent presque pas. Les raisins mûrs et sucrés le produisent en abondance, tandis que les vins provenant de raisins verts, aqueux, et peu sucrés, en présentent très-peu.

Il est des vins dans le Midi qui fournissent un tiers d'eau-de-vie ; il en est plusieurs dans le nord qui n'en contiennent pas un quinzième.

C'est la proportion d'alkool qui rend les vins plus ou moins généreux ; c'est elle qui les dispose à la dégénération acide, ou qui les en préserve. Un vin tourne avec d'autant plus de facilité, qu'il renferme moins d'alkool, la proportion du principe extractif étant supposée la même de part et d'autre.

Plus un vin est riche en esprit, moins il contient d'acide malique; et c'est la raison pour laquelle les meilleurs vins fournissent en général les meilleures eaux-de-vie, parce qu'alors elles sont exemptes de la présence de cet acide qui leur donne un goût très-désagréable.

C'est par la distillation des vins qu'on en extrait tout l'alkool qu'ils contiennent.

La distillation des vins est connue depuis plusieurs siècles; mais cette opération s'est successivement perfectionnée; et, de nos jours, elle a reçu des degrés d'amélioration qui doivent profiter au commerce des eaux-de-vie, et s'appliquer avec avantage à tous les genres de distillation. Les alambics dans lesquels on a distillé pendant long-temps étoient des chaudières surmontées d'un long col cylindrique, étroit et coiffé d'une demi-sphère creuse, d'où partoit un tuyau peu large pour porter la liqueur dans le serpentin. *Arnauld de Villeneuve* paroît être le premier qui nous ait donné des idées précises sur la distillation des vins, et c'est à lui que nous devons la première description de cette forme d'alambic à très-long col, dont nous retrouvons encore des modèles dans les ateliers de nos parfumeurs.

L'ïdée où l'on étoit que le produit de la distillation étoit d'autant plus délié, d'autant plus subtil, d'autant plus pur, qu'on l'élevoit plus haut, en le faisant passer à travers des tuyaux plus minces, a dirigé la construction de ces vaisseaux distillatoires. Mais on a pas tardé à se convaincre que c'étoient moins les obstacles opposés à l'ascension des vapeurs, que l'art de graduer le feu avec intelligence, qui rendoient le produit d'une distillation plus ou moins pur. On a vu que, dans le premier cas, la force du feu dénature les principes spiritueux en leur communiquant le goût d'empyreume, tandis que, dans le second, ils s'élèvent *vierges*, et passent dans le serpentin sans altération. D'un autre côté, l'économie, ce puissant mobile des arts, a fait adopter tous les changemens qu'on a faits au procédé des anciens.

Ainsi, successivement la colonne perpendiculaire à la chaudière a été baissée; le chapiteau, aggrandi; la chaudière, évasée; et l'on est parvenu par degrés à l'adoption générale des formes suivantes :

Les alambics sont aujourd'hui des espèces de chaudrons à cul plat, dont les côtés sont élevés perpendiculairement au fond jusqu'à la hauteur d'environ six décimètres (22 pouces). A cette hauteur on pratique un étranglement qui en réduit l'ouverture à trois ou quatre décimètres

(11 à 12 pouces). Cette ouverture est terminée par un col de quelques pouces de long, dans lequel s'adapte un petit couvercle appelé *chapeau*, *chapiteau*, lequel va en élargissant vers sa partie supérieure, et a la forme d'un cône renversé et tronqué. C'est de l'angle de la base de ce chapeau que part un petit tuyau destiné à recevoir les vapeurs d'eau-de-vie, et à les transmettre dans le serpentin auquel il est adapté. Ce serpentin présente six à sept circonvolutions, et est placé dans un tonneau qu'on a soin de tenir plein d'eau, pour faciliter la condensation des vapeurs : ces vapeurs condensées coulent à filet dans un baquet qui est destiné à les recevoir.

Les chaudières sont, pour l'ordinaire, enchâssées dans la maçonnerie jusqu'à leur étranglement : le cul seul est exposé à l'action immédiate du feu : la cheminée est placée vis-à-vis la porte du foyer ; et le cendrier, peu large, est séparé du foyer par une grille de fer.

On charge les chaudières de vingt-cinq à trente myriagrammes de vin (5 à 6 quintaux), la distillation s'en fait dans huit ou neuf heures, et on brûle à chaque chauffe, ou opération, environ trois myriagrammes de charbon de terre (60 livres).

Tel est le procédé usité en Languedoc depuis bien long-temps : mais quoiqu'ancien et généralement adopté, il présente des imperfections qui ne peuvent que frapper un homme instruit dans les principes de la distillation.

1°. La forme de la chaudière établit une colonne de liquide très-haute et peu large, qui, n'étant frappée par le feu qu'à sa base, est brûlée en cette partie avant que le dessus soit chaud : alors il s'élève des bulles du fond, qui, obligées de traverser une masse de liquide plus froide, se condensent et se dissolvent de nouveau dans la liqueur. Ce n'est que lorsque toute la masse a été échauffée de proche en proche, que la distillation s'établit.

2°. L'étranglement placé à la partie supérieure de la chaudière, et le bombement qu'elle présente dans cet endroit, nuisent encore à la distillation : en effet, cette calotte n'étant pas revêtue de maçonnerie, est continuellement frappée par l'air qui y entretient une température plus fraîche que sur les autres points ; de manière que les vapeurs qui s'élèvent se condensent en partie contre la surface intérieure, et retombent en gouttes ou coulent en stries dans le bain, ce qui est en pure perte pour la distillation. Il arrive, dans ce cas, ce que nous voyons survenir journellement dans les distillations au bain de sable : les vapeurs qui s'élèvent, venant à frapper contre la surface découverte et toujours plus froide de la cornue, s'y condensent et retombent en stries dans le fond, de manière que la même portion de matière s'élève, retombe et distille plusieurs fois ; ce qui entraîne perte de temps, dépense de combustible, et nuit à la qualité du produit, qui s'altère et se décompose dans quelques cas. On peut rendre ces phénomènes très-sensibles en rafraîchissant la partie supérieure d'une cornue au bain de sable, au moment où la distillation est en pleine activité : les vapeurs deviennent de suite visibles dans l'intérieur, et il se condense des gouttes contre les parois, qui ne tardent pas à couler et à se rendre dans la liqueur contenue dans la cornue.

En outre, l'étranglement pratiqué à la partie supérieure de la chaudière forme une espèce d'éolipyle où les vapeurs ne peuvent passer qu'avec effort ; ce qui nécessite l'emploi d'une force d'ascension plus considérable. Ce fait a été convenablement développé par *Baumé*

3°. Le chapiteau n'est pas construit d'une manière plus avantageuse : la calotte se met presque à la température des vapeurs, qui fortement dilatées, pressent sur le liquide et en gênent l'ascension.

4°. La manière d'administrer le feu n'est pas moins vicieuse que la forme de l'appareil : partout on a un cendrier trop étroit, un foyer très-large, une porte mal fermée, etc. ; de manière que le courant d'air s'établit par la porte et se précipite dans la cheminée, en passant par-dessus les charbons. Il faut par conséquent un feu violent pour chauffer médiocrement une chaudière. On engorge la grille d'une couche épaisse et tassée de combustibles, de façon qu'elle devient à-peu-près inutile par le manque absolu d'aspiration.

A présent que nous connoissons les vices de construction dans l'appareil, voyons d'appliquer, pour la perfectionner, les connoissances que nous avons acquises sur la distillation, et sur l'art de conduire le feu.

Il me paroît que tout l'art de la distillation se réduit aux trois principes suivans :

1°. Chauffer à-la-fois et également tous les points de la masse du liquide.

2°. Ecarter tous les obstacles qui peuvent gêner l'ascension des vapeurs

3°. En opérer la condensation la plus prompte.

Pour remplir la première de ces conditions, il faut d'abord que la masse liquide soit peu profonde; ce qui exige déjà que le cul de la chaudière présente une très-grande surface, pour que le feu s'applique à beaucoup de parties.

Le fond de la chaudière doit être légèrement bombé en dedans. Cette forme présente deux avantages : le premier, c'est que, par ce moyen, le combustible se trouve à une égale distance de tous les points, et que la chaleur est égale partout; le second, c'est que, par cette construction, le fond de la chaudière présente plus de force, et que les matières qui peuvent se déposer dans le fond de la liqueur sont rejetées sur les angles qui reposent sur la maçonnerie, et où, par conséquent, le dépôt est moins dangereux. Lorsque ces dépôts se forment dans les parties soumises immédiatement à l'action directe du feu, ils établissent une croûte qui empêche le liquide de mouiller le point de la chaudière qui en est recouvert, et alors le feu brûle le métal. Cet inconvénient n'est plus à craindre du moment que, par la forme bombée du fond de la chaudière, ce dépôt est rejeté sur les angles, qui, reposant sur la maçonnerie, sont soustraits à l'action directe du feu.

Il faut faire circuler le feu autour de la chaudière au moyen d'une cheminée tournante : alors toute la chaleur est mise à profit; tout le liquide est enveloppé et également chauffé.

Pour que la colonne de vapeurs qui s'élève n'éprouve aucun obstacle dans son ascension, il faut que les parois de la chaudière montent perpendiculairement, et que les vapeurs soient maintenues dans le même degré d'expansion, jusqu'à ce qu'elles soient parvenues au réfrigérant. Mais les vapeurs, librement élevées et condensées par leur contact contre les parois froides du chapiteau, retomberoient dans la chaudière de l'alambic, si ces parois ne présentoient pas une inclinaison suffisante pour que les gouttes de liquide qui s'y appliquent, coulent sur les parois pour se rendre dans la rigole qui les conduit dans le serpentin. J'ai calculé que cette inclinaison devoit être au moins de 75 degrés par rapport à l'horizon. Il est encore nécessaire que l'eau du réfrigérant soit souvent renouvelée, sans quoi elle prend bientôt la température de la vapeur et ne peut plus servir à la condenser.

Quoique ces principes sur la distillation soient incontestables, il faut néanmoins y apporter quelques modifications pour faciliter le service : en effet, en donnant à l'orifice de la chaudière tout le diamètre de la base, le chapiteau présente un évasement très-considérable ; il est par conséquent indispensable de lui donner une grande hauteur, pour conserver aux surfaces l'inclinaison de 75 degrés. Cette construction entraîne deux inconvéniens majeurs ; le premier, de rendre le chapiteau pesant, lourd et coûteux ; le second, de présenter de la difficulté, pour donner aux bords supérieurs de la chaudière la force convenable pour résister à l'effort du chapiteau. Ce sont ces premières considérations qui m'ont forcé à porter quelque changement dans la construction ci-dessus, quelque conforme qu'elle parût aux principes. Ces changemens sont tous dans la forme de la chaudière : j'en évase légèrement les côtés en les élevant, et je les rapproche vers le haut, de manière que le diamètre de l'ouverture réponde à celui du fond. Cette forme remédie aux deux défauts que nous avons notés ci-dessus, et elle a l'avantage de présenter un rebord à la partie supérieure contre lequel les bouillons provenant d'une ébullition trop forte viennent se briser pour être rejetés contre le centre de la chaudière.

Indépendamment de ce changement de forme dans la chaudière, j'ai cru qu'on devoit supprimer le réfrigérant dont on revêtoit le chapiteau. Ce réfrigérant a l'inconvénient de rafraîchir les vapeurs, et d'établir dans l'intérieur un nuage qui contrarie leur ascension ultérieure.

On peut observer que, lorsqu'on distille à la cornue et au bain de sable, il suffit d'appliquer un corps froid sur la cornue pour produire cet effet : on voit de suite se former des stries sur les parois, et la liqueur retomber dans le fond de la cornue elle-même.

Si, dans le temps, j'ai proposé moi-même de conserver le réfrigérant, c'est que je lui attribuois une portion des effets qui appartenoient à une construction de fourneau bien entendue, et qui en dérivoient. Je me suis assuré, par la suite, qu'on obtenoit un plus grand effet encore en supprimant le réfrigérant. Il y a d'ailleurs plus d'économie et moins d'embarras dans le service.

D'après cela, j'ai pensé que le grand art de condenser les vapeurs se bornoit à agrandir le bec du chapiteau, et à rafraîchir avec soin l'eau du serpentin. Par ce moyen, les vapeurs s'échappent de l'alambic avec d'autant plus de facilité, qu'elles sont appelées dans le serpentin par la prompte condensation de celles qui les ont précédées.

Ces divers degrés de perfection ont commencé à être introduits dans le Languedoc, il y a douze à quinze ans. Le frères *Argand* ont puissamment contribué à les faire adopter ; les premiers, ils ont formé des établissemens d'après ces principes ; et on a obtenu une telle économie dans le temps et le combustible, qu'on l'évalue aux quatre cinquièmes, d'après les résultats des expériences comparées qui ont été faites.

J'ai dirigé moi-même plusieurs établissemens du même genre, et d'après ces mêmes principes. Je crois qu'il est difficile de porter plus loin la perfection, il est à désirer que ces méthodes de distillation deviennent générales.

Mais c'est encore moins à la forme de l'appareil qu'à la construction du foyer et à la sage conduite du feu, qu'on doit ces effets extraordinaires. Le bord postérieur de la grille doit répondre au milieu du fond de la chaudière, pour que la flamme qui fuit, frappe et chauffe également tout le cul. La distance de la chaudière à la grille doit être d'environ 16 à 18 pouces, lorsqu'on chauffe avec le charbon de terre, et la cheminée doit être tournante.

Indépendamment de l'économie dans le temps, le combustible, la main-d'œuvre, etc., cette forme d'appareil influe sur la qualité des eaux-de-vie. Elles sont infiniment plus douces que les autres ; elles n'ont point le goût d'empyreume, qui est presque un vice inséparable des eaux-de-vie du commerce. Cette dernière qualité, qui les rend si supérieures aux autres, a failli devenir pour elles un motif d'exclusion, parce que les habitans du nord, qui en font leur principale boisson, les trouvoient trop douces : il a donc fallu les mêler avec de l'eau-de-vie *brûlée*, pour les accréditer. On peut aisément leur donner ce goût de feu, en soutenant et prolongeant la distillation au-delà du terme. La liqueur qui passe vers la fin sent très-décidément le brûlé.

Il est nécessaire, dans les arts, de se plier au goût, même au caprice du consommateur ; et ce qui, chez nous, est rejeté comme de mauvais goût, peut paroître exquis et friand à l'habitant du nord. Dans le midi, un sensibilité extrême repousse des boissons brûlantes qui, dans des climats très-froids, pourront être foibles : *Il faut écorcher un Moscovite pour lui donner de la sensibilité*, a dit très-ingénieusement Montesquieu.

D'après des expériences comparatives que j'ai été dans le cas de faire, je me suis convaincu qu'on obtenoit encore un peu plus d'eau-de-vie par ce procédé que par l'ancien ; ce qui provient de ce que l'eau-de-vie sort fraîche de l'appareil, et qu'elle n'éprouve aucune perte par l'évaporation. Aussi les ateliers dans lesquels ces appareils perfectionnés sont établis n'ont-ils pas sensiblement l'odeur de l'eau-de-vie.

Lorsqu'on distille des vins, on conduit la distillation jusqu'au moment où la liqueur qui passe n'est plus inflammable.

Les vins fournissent plus ou moins d'eau-de-vie, selon le degré de spirituosité. Un vin très-généreux fournit jusqu'au tiers de son poids. Le terme moyen du produit de nos vins, dans le midi, est d'un quart de la totalité : il en est qui fournissent jusqu'à un tiers.

Les vins vieux donnent une meilleure eau-de-vie que les nouveaux ; mais ils en fournissent moins sur-tout lorsque la décomposition du corps sucré a été terminée avant la distillation.

Ce qui reste dans la chaudière, après qu'on en a extrait l'eau-de-vie, est appelé *vinasse* : c'est le mélange confus du tartre, du principe colorant, de la lie, etc. On rejette ce résidu comme inutile ; néanmoins, en le faisant dessécher à l'air ou dans des étuves, on peut en extraire par la combustion un alkali assez pur.

Il y a des ateliers où l'on fait aigrir la *vinasse* pour la distiller, et en extraire le peu de vinaigre qui s'y est formé.

L'eau-de-vie est d'autant plus spiritueuse, qu'elle est mélangée avec une moins grande quantité d'eau; et, comme il importe au commerce de pouvoir en connoître aisément les degrés de spirituosité, on s'est long-temps occupé des moyens de les constater.

Le *bouilleur* ou *distillateur* juge de la spirituosité de l'eau-de-vie par le nombre, la grosseur et la permanence des bulles qui se forment en agitant la liqueur : à cet effet, on la verse d'un vase dans un autre; on la laisse tomber d'une certaine hauteur; ou bien, ce qui est plus généralement usité, on l'enferme dans un flacon allongé, qu'on en remplit aux deux tiers, et on l'agite fortement, en en tenant l'orifice bouché avec le pouce; ce dernier appareil est appelé *la sonde*.

L'épreuve par la combustion, de quelque manière qu'on la pratique, est très-vicieuse. Le règlement de 1729 prescrit de mettre de la poudre dans une cuiller, de la couvrir de liqueur, et d'y mettre le feu. L'eau-de-vie est réputée de première qualité, si elle enflamme la poudre, elle est mauvaise, dans le cas contraire. Mais la même qualité de liqueur enflamme ou n'enflamme pas, suivant la proportion dans laquelle on l'emploie; une petite quantité enflamme toujours; une grande n'enflamme jamais, parce que l'eau que laisse la liqueur suffit alors pour humecter la poudre, et la garantir de l'inflammation.

On a encore recours au sel de tartre (*carbonate de potasse*), pour éprouver l'eau-de-vie. Cet alkali se dissout dans l'eau, et nullement dans l'alkool : de manière que celui-ci surnage la dissolution qui s'en fait.

Ces premiers procédés, plus ou moins défectueux, ont fait recourir à des moyens capables de déterminer la spirituosité, par l'évaluation de la gravité spécifique.

Une goutte d'huile versée sur l'alkool se fixe à la surface ou se précipite au fond, selon le degré de spirituosité de la liqueur. Ce procédé a été proposé et adopté par le gouvernement espagnol, en 1770 ; il a fait l'objet d'un règlement ; mais il est sujet à erreur, puisque l'effet dépend de la hauteur de la chute, de la pesanteur de l'huile, du volume de la goutte, de la température de l'atmosphère, des dimensions des vases, etc.

En 1772, cet objet important fut repris par deux physiciens habiles, *Borie* et *Poujet de Cette*; ils ont fait connoître et adopter, par le commerce de Languedoc, un pèse-liqueur auquel ils ont adapté un thermomètre dont les divers degrés indiquent, à chaque instant, les corrections que doit apporter, dans la graduation du pèse-liqueur, la température très-variable de l'atmosphère.

A l'aide de ce pèse-liqueur, non seulement on juge du degré de spirituosité, mais on ramène l'eau-de-vie à tel degré qu'on peut désirer.

METHODE

MÉTHODE PRATIQUE

DE LA DISTILLATION

DES EAUX-DE-VIE.

Nous avons vu dans la première partie, que tout l'art du distillateur consistoit à chauffer tout à la fois et également tous les points de la masse de liquide contenue dans son alambic, à écarter tout ce qui s'oppose à l'ascension des vapeurs spiritueuses, et enfin à en opérer la condensation la plus prompte. Il est temps de tracer, d'après ces principes, qu'elle est la meilleure construction des brûleries, la forme des alambics la plus économique et la plus favorable à la distillation, et de décrire les instrumens qui doivent meubler la brûlerie. Nous tracerons ensuite les procédés particuliers pour la distillation des eaux-de-vie de commerce, celle des esprits ardens, du cidre, du poiré, et enfin de la fabrication des eaux-de-vie, tirées des grains, des lies de vin et du marc de raisin ; nous terminerons cette partie par la description des areomètres, instrumens à l'aide desquels on évalue le degré de spirituosité des eaux-de-vie.

B

SECTION PREMIÈRE.

Des Alambics et Vaisseaux distillatoires.

L'ALAMBIC est un vaisseau destiné à extraire tout le spiritueux dans le fluide vineux. Il en est de plusieurs espèces, suivant l'usage auquel on les destine. Les uns sont en cuivre, les autres en verre, et d'autres en grès. Les uns sont chauffés avec le bois, les autres avec du charbon fossile. MM. *Baumé* et *Moline* en ont inventé qui sont également chauffés par le moyen du bois et du charbon. Il en est enfin qui ne servent qu'à la distillation des esprits et des lies.

ARTICLE PREMIER.

Des Alambics ordinaires chauffés avec le bois

La gravure (*pl. I*) représente une brûlerie garnie de toutes les pièces utiles à la distillation.

On doit distinguer quatre parties dans un alambic ; la *chaudière*, le *chapeau* ou *chapiteau*, le *bec du chapiteau*, et le *serpentin*.

1°. La *chaudière* ou *cucurbite* (mot tiré du latin *cucurbita*, qui veut dire *courge*, à cause de sa ressemblance avec ce fruit), varie pour sa grandeur suivant les différens pays ; sa forme est aujourd'hui à-peu-près par-tout la même. C'est la chaudière montée sur son fourneau B. On voit,

n°. 4, sa coupe intérieure et celle de son fourneau. La chaudière est un cône tronqué, d'environ vingt-un pouces de hauteur perpendiculaire, dont le diamètre du cercle de la base a
deux pieds six pouces de longueur. Son fond est
une platine avec un rebord de trois pouces environ, cloué tout autour du cône avec des clous
de cuivre rivés. Cette platine a environ une ligne
d'épaisseur, et est légèrement inclinée, pour vider
avec plus de facilité, du côté du *dégorgeoir* ou
déchargeoir 18, ce qui reste dans la chaudière
après la distillation. Ce déchargeoir a un cylindre
plus ou moins long, suivant l'épaisseur du mur
qu'il doit traverser, sur-tout si la vinasse est directement conduite hors de la brûlerie ; un pied de
longueur suffit, s'il ne doit traverser que le mur
du fourneau. Presque au haut de la chaudière,
sont placées trois ou quatre anses de cuivre,
n°. 5, clouées avec des clous de cuivre, rivés
contre la cucurbite, et leurs parties saillantes sont
noyées dans la maçonnerie du fourneau. Ces
anses supportent la cucurbite, et c'est par ces
seuls points que la partie inférieure de la cucurbite touche aux parois du fourneau ; de sorte que
la chaleur est censée circuler tout autour de cette
partie : au-dessus des anses, et jusqu'au haut de la
chaudière, la maçonnerie l'emboîte exactement.
La partie supérieure de la cucurbite se rétrécit
par un cou ou collet, n°. 6, cloué et rivé comme

on l'a dit, dont l'ouverture est réduite à un pied de diamètre : la partie supérieure du collet forme une espèce de talon renversé, et l'inférieure est inclinée parallèlement aux côtés du chapiteau, pour lui servir d'emboîture, sur deux pouces de hauteur. La hauteur totale du cou est ordinairement de six à sept pouces, et les feuilles de cuivre qui le forment sont communément plus épaisses que le reste de la cucurbite ; c'est la partie qui fatigue le plus.

2°. Du *chapiteau* D et n°. 7. Son ouverture est à-peu-près égale à celle du cou de la cucurbite, afin d'y être adapté et luté le plus exactement qu'il est possible. On recouvre encore le point de leur réunion avec de la cendre mouillée ou non mouillée ; toutes deux sont des cribles par où s'évapore l'esprit ardent : il vaudroit mieux l'envelopper avec des bandes de toile imbibées par des blancs d'œufs, dans lesquels on a mêlé de la chaux en poudre, et non éteinte ; ce dernier lut empêche bien plus complètement que la cendre l'évaporation de l'esprit ardent : enfin, la troisième manière, c'est avec des bandes de vessie mouillées et molles, que l'on fixe avec de la filasse, des ficelles, etc. La terre grasse ne vaut pas mieux que les cendres ; la chaleur la dessèche et la fait crevasser ; cependant, si le collet est mal fait, s'il est bossué, en un mot, si le chapiteau et le collet ne se joignent pas exactement ensemble, on peut et on doit presser de la terre grasse, sèche et en poudre, dans les vides, la bien serrer, enfin la recouvrir avec la vessie ou avec les bandes de toile à la chaux et aux blancs d'œufs. Le diamètre de la partie supérieure du chapiteau est environ de dix-sept pouces; sa hauteur totale d'un pied, non compris le bombement de la calotte, qui est environ de deux pouces. Dans quelques pays, sa forme imite davantage celle d'une poire renversée; *voyez* n°. 19 : il est sans gouttière, intérieurement comme extérieurement; son bec ou sa queue E et n°. 8, a vingt-six pouces de longueur, trois pouces et demi à quatre pouces de diamètre près du chapiteau, quatorze à quinze lignes à son extrémité, c'est-à-dire dans l'endroit où ce bec se réunit avec le serpentin, n°. 9, renfermé dans le tonneau ou pipe F. La pente de ce bec est d'environ huit pouces sur toute sa longueur : il est cloué à la tête du chapiteau, et il est soudé avec lui par un mélange d'étain et de zinc. Cette composition s'appelle *la charge du chapiteau.*

Il y a un vice radical dans la construction de ce bec, qui s'oppose singulièrement à la rapidité de la distillation : il faudroit que son diamètre égalât presque celui du chapiteau, qu'il diminuât insensiblement jusqu'à sa réunion avec le serpentin, et que le diamètre de l'intérieur du serpentin fût plus considérable, et proportionné à celui du bec; enfin, que la diminution fût progressive, au moins jusqu'au commencement du quatrième tour du serpentin.

3°. *Du serpentin*, n°. 9. Il est représenté ici hors de son tonneau ou pipe F; il est formé de cinq cercles inclinés les uns sur les autres, suivant une pente uniforme distribuée dans toute la hauteur, qui est de trois pieds et demi. Le bec E et n°. 8 du chapiteau s'insinue exactement, à la profondeur de quatre pouces, dans l'ouverture, n°. 19 du serpentin. Cet instrument est construit de feuilles de cuivre battu, soudées ensemble avec une soudure forte : on observe de diminuer proportionnellement l'ouverture des tuyaux d'environ deux lignes à chaque révolution, de manière que l'ouverture inférieure soit à-peu-près moitié plus petite que la supérieure. La prolongation du serpentin, ou plutôt sa spirale, est maintenue par trois montans assez minces n°. 20 : ces montans sont en fer battu, armés d'anneaux par où passent les révolutions du serpentin; ils les fixent et leur servent de support dans cette partie. L'extrémité inférieure du serpentin sort à la base de la pipe F, dans l'endroit marqué H et n°. 10 : là, il rencontre un petit entonnoir dont la queue est plongée dans le bassiot K et n° 11. Ce vaisseau sert à recevoir l'eau-de-vie qui coule par le serpentin.

Dans certaines provinces, le serpentin et la pipe ont beaucoup plus de hauteur, et par tout

il est trop étroit à son orifice et dans sa dégra-
dation. Le tonneau ou pipe sert à recevoir et
contenir l'eau qui doit rafraîchir le serpentin
pendant la distillation.

Toutes les pièces qui concourent à la formation complète de l'alambic se vendent au poids,
et le prix, à-peu-près général, est de 40 à 45 sols
la livre, le cuivre tout ouvré. On est trompé par
les ouvriers, lorsque l'on n'est pas au fait; ils vendent toutes les parties avec leurs agrès; ils pèsent
le chapiteau avec sa charge, le serpentin avec les
montans, etc.: ces articles doivent être payés à part.

Dans quelques provinces, on étame tout le
chapiteau, et il ne l'est point dans d'autres : non
seulement le chapiteau devroit l'être, mais encore
la chaudière et son serpentin. L'acide de l'esprit
ardent corrode le cuivre, forme du vert-de-gris,
et ce poison se mêle avec la liqueur. Les inspecteurs ne reçoivent pas cette eau-de-vie, et disent
qu'elle a *un goût de chaudière*. Mais combien
d'eau-de-vie ne consomme-t-on pas dans la
France, qui ne passe pas sous les yeux de l'ins-
pecteur! Au contraire, on conserve celle-là pour
le débit intérieur, et on n'envoie à l'étranger que
l'eau-de-vie au titre et sans mauvais goût. Il suffit
d'entrer dans une brûlerie, d'examiner les ustensiles de cuivre, pour voir le vert-de-gris en masse.
L'acide est si fort qu'il crible les chapiteaux, et
de la cendre mouillée bouche les trous pendant

la distillation. Si l'alambic n'a pas servi depuis long-temps, l'ouvrier, toujours négligent, se contente de passer un peu d'eau, de frotter les parois avec des bouchons de paille, comme si cette simple opération détruisoit tout le vert-de-gris. La négligence est portée si loin, que j'ai vu le filet d'eau-de-vie couler entre deux dépôts considérables de vert-de-gris. Le reproche que je fais ne s'adresse pas à une seule province, mais à celles d'Aunis, de Saintonge, d'Angoumois, de Languedoc, de Provence, etc. Le gouvernement avoit établi des charges d'inspecteurs des eaux-de-vie qui sortoient de France, afin qu'on n'expédiât que des eaux-de-vie au titre ; il veilloit ainsi à la sûreté du commerce, et empêchoit les suites de la mauvaise foi de quelques commerçans. Ne seroit-il pas digne de sa vigilance et de ses soins de créer des inspecteurs des brûleries, qui condamneroient à des amendes, ou feroient briser les chaudières, les chapiteaux, etc., non étamés ? Les ustensiles en cuivre ont été défendus à Paris, soit pour les balances, soit pour les pots au lait, etc. ; et on laisse subsister dans toute la France des instrumens où se forme journellement du vert-de-gris !

Si l'étain employé dans les soudures étoit pur et sans mélange de plomb, cet étamage seroit encore insuffisant ; avec le plomb il seroit complètement inutile, parce que l'acide l'auroit bientôt corrodé et réduit en chaux tout aussi dangereuse que le vert-de-gris. Le seul étamage qui convienne est le zinc; il ne reviendroit pas plus cher, dureroit infiniment plus, et sur-tout, il ne seroit pas dangereux pour la santé.

A R T I C L E I I.

Description de l'Alambic ordinaire chauffé avec le charbon fossile.

Charbon fossile, *charbon de pierre*, *charbon de terre*, *houille*, sont des mots synonymes. Nous les rapportons ici tous les quatre, parce qu'ils sont en usage chacun dans des provinces différentes; de sorte qu'il pourroit arriver que, dans quelques endroits, on ne comprît pas ce que veut dire l'une ou l'autre dénomination.

C'est à M. *Ricard*, négociant de la ville de Cette, et possesseur d'une superbe brûlerie, que l'on doit l'usage du charbon fossile pour la distillation des vins. Personne, avant lui, n'avoit songé en France à employer ce minéral, que l'on pourroit encore suppléer par la tourbe, dans les provinces où le bois est rare, et qui ne peuvent aisément se procurer du charbon fossile.

La nécessité fut toujours la mère de l'industrie, et l'industrie celle de l'économie. La cherté du bois dans le Bas-Languedoc, où il coûte communément 18 à 20 sous le quintal, même vert, quoique

le quintal de cette province n'équivaille qu'à
80 livres, poids de marc, l'engagea, en 1775, à
construire des fourneaux inconnus avant lui dans
le pays. Dès qu'il les eut portés au point de perfection qu'il desiroit, il publia le plan de son fourneau. Son exemple a été suivi complètement à
Cette, et commence à l'être dans le reste de la
province, où l'on peut se procurer du charbon à
un prix plus modéré que celui du bois. Il est résulté des différens procès-verbaux dressés dans
la brûlerie de M. *Ricard*, que, pour fabriquer
la même quantité d'eau-de-vie, il falloit au moins
une double quantité de bois que de houille ; d'où
il résulte qu'en se servant de charbon de terre,
il y a une véritable économie ; d'ailleurs, il faut
moins de magasins ou hangars pour loger ce
combustible, et on économise les frais de la main-
d'œuvre, pour couper le bois de longueur, le
fendre, le refendre, etc.

L'alambic chauffé au bois, ou au charbon de
terre, ou à la tourbe, conserve la même forme.
Est-elle la meilleure ? C'est ce que l'on examinera
bientôt.

DESCRIPTION DU FOURNEAU AU CHARBON DE TERRE
DE M. RICARD.

Planche II, *figure* 1. Élevation du fourneau.
A. Ouverture du cendrier. Sa largeur est de

neuf pouces, et la hauteur du sol à la grille est de dix pouces. La profondeur est la même que la longueur de la grille.

B. Porte du foyer, de même largeur et hauteur que l'ouverture du cendrier.

La distance entre le fond de la chaudière, qui répond aux points C, C, C, et la grille est de neuf pouces.

Figure 2. Intérieur du fourneau, dont on a ôté la chaudière, et vu à vol d'oiseau.

D. D. Grille. Sa largeur est de dix pouces sur un pied dix pouces de longueur.

E. E. Diamètre du foyer, deux pieds dix pouces. L'échelle de six pieds qui accompagne ces deux figures donnera les proportions du total du fourneau et de sa coupe.

La chaudière ne doit avoir que deux pieds huit pouces de diamètre dans sa plus grande circonférence, pour laisser un vide de deux pouces entre celle-ci et la maçonnerie. Ce vide se trouve couvert par les bords de la chaudière qui portent sur la maçonnerie.

L'auteur conseille de pratiquer à ces fourneaux un tuyau de cheminée, qui doit commencer à la hauteur des anses de la chaudière, vis-à-vis la porte du foyer, et en forme de pyramide renversée, ayant trois pouces et demi en carré à sa

naissance, et six pouces dans le haut. On conduira
ce tuyau dans les cheminées qui servent aux fourneaux ordinaires.

En louant le zèle de M. *Ricard*, en lui rendant hommage comme au bienfaiteur de sa province, on doit remarquer cependant qu'il n'a pas
tiré tout le profit convenable de la chaleur : que
la porte du fourneau, ainsi que dans tous les fourneaux ordinaires, soit au bois, soit autrement, est
trop rapprochée de la bouche de la cheminée, et
par conséquent la chaleur ne séjourne pas assez
sous la chaudière, et gagne trop vite la gaîne de
la cheminée. On croit communément que la flamme
lèche toute la chaudière; c'est pourquoi on laisse
un vide entre elle et la maçonnerie. Si on enlève
la chaudière de dessus son fourneau, après qu'elle
aura servi à la distillation pendant quelque temps,
on verra tout autour, excepté du côté de la cheminée, une espèce de suie, de poussière grisâtre
et très-fine. Or, si la flamme avoit parcouru tout
l'espace vide, certainement on n'y trouveroit ni
suie ni poussière. Il est clairement et démonstra-
tivement prouvé que la flamme et la chaleur suivent le courant d'air; par conséquent, la flamme
et la chaleur qui arrivent dans la cheminée, y
arrivent en pure perte pour la chaudière. En effet,
qu'est-ce qu'un espace de trois à quatre pieds pour
la flamme d'une masse de bois embrasé qui peut

parcourir une distance de plus de vingt pieds,
comme on le voit tous les jours dans les fourneaux
des distillateurs d'eau-forte, d'acide vitriolique, etc.?
On y met le feu par un bout, et la flamme sort
par la cheminée placée à l'autre bout, éloigné du
premier de dix à vingt pieds.

Il seroit donc plus avantageux pour tous les
fourneaux consacrés à la distillation des vins, de
ménager tout autour de la chaudière un tuyau
tracé en spirale comme le serpentin , et par ce
moyen de conserver plus long-temps la flamme
et la chaleur autour de la chaudière. Rien n'est
plus aisé à pratiquer. Faites soutenir la chaudière
à la hauteur qu'elle doit être ; laissez tout le bas nu ;
et dans la partie opposée à la porte du fourneau,
commencez le tuyau sur huit pouces de hauteur ,
et sur six de largeur ; faites-le tourner tout autour
de la chaudière jusqu'à la cheminée ; des briques
longues suffisent pour former ce tuyau. Il est évi-
dent que, par ce moyen, la flamme léchera complètement toute la chaudière, à l'exception de la
partie de la brique couchée sur son plat qui tou-
chera directement la chaudière. Ainsi, en supposant que le tuyau ne fasse que trois tours autour
de la chaudière, en partant depuis le foyer jusqu'à la cheminée, vous aurez au moins trente à
trente-six pieds de tuyau, dont la flamme s'appli-
quera directement contre la chaudière, tandis que,

dans la manière ordinaire, il n'y a pas plus de trois ou quatre pieds de contact immédiat. L'expérience est facile à faire, peu coûteuse, et on se convaincra combien, par cette manipulation, on économisera de bois ou de chrrbon.

ARTICLE III.

De quelques alambics nouveaux pour leur forme, proposés par différens auteurs.

La Société libre d'Émulation, pour l'encouragement des arts, métiers et inventions utiles, établie à Paris, proposa, au mois de juin 1777, pour sujet d'un prix, la question suivante : *Quelle est la forme la plus avantageuse pour la construction des fourneaux, des alambics, et de tous les instrumens qui servent à la distillation des vins dans les grandes brûleries ?* Deux mémoires furent distingués de tous les autres envoyés au concours ; le premier, de M. *Baumé*, de l'académie royale des sciences, eut le prix de 1200 liv. ; et le second, de M. *Moline*, celui de 600 livres. Ces deux mémoires offrent des idées neuves, et quelques unes utiles : il convient de les apprécier.

ARTICLE IV.

Des alambics et des fourneaux proposés par M. Baumé, et chauffés soit avec du bois, soit avec du charbon.

Le premier alambic proposé par M. *Baumé* est une baignoire, *figure* 3, *pl. II*; elle a douze pieds de long sur quatre pieds de large, et à-peu-près deux pieds et demi de hauteur. On la fait moins profonde d'un pouce du côté A, afin qu'étant en place il y ait une pente du côté de la vidange B.

A la partie la plus profonde, et du côté de la porte du fourneau, on pratique une douille B, de deux pouces de diamètre, qui traverse l'épaisseur du fourneau : au moyen de la pente qu'on a donnée au fond de la chaudière et de la douille, on peut vider ce vaisseau commodément lorsque cela est nécessaire.

En adaptant un chapiteau sur cette chaudière, on complète l'alambic. Mais comme j'en propose trois différens par leur forme, dit M. *Baumé*, on pourra choisir celui que l'on voudra. Au moyen de ces trois chapiteaux, il résulte trois alambics de même forme, qui ne diffèrent que par cette pièce seulement.

Le premier chapiteau, *figures* 4 *et* 6, s'adapte sur la chaudière en forme de baignoire, *figure* 3 : on y soude exactement un couvercle de même étendue, percé de dix trous, ou d'un plus grand nombre, si on veut ; il doit être d'un cuivre un peu fort et un peu bombé : chaque ouverture doit avoir quinze à seize pouces de diamètre, surmontée du collet, *figure* 5, de trois à quatre pouces de hauteur, et soudé très-exactement sur les ouvertures du couvercle. Chacun des collets doit être terminé par un couvercle de cuivre tourné, de six lignes d'épaisseur, et soudé en étain. Ils sont destinés à donner plus d'épaisseur à l'extrémité des collets, et à faciliter la jonction des chapiteaux. Sur le devant du couvercle en C, *figure* 4, on soude une virole tournée, d'un ou deux pouces de hauteur, et de deux pouces de diamètre. C'est par cette ouverture qu'on introduit la liqueur dans la chaudière ; par ce moyen, on n'a pas de peine à déluter les chapiteaux chaque fois que l'on veut charger la chaudière. Il est essentiel que cette virole soit tournée, afin qu'on puisse la boucher commodément avec du liège.

Sur chacun des collets du couvercle de la chaudière on adapte un chapiteau d'alambic ordinaire, de forme conique, et d'environ quinze pouces de hauteur,

hauteur, *figure* 7, jusqu'au niveau de la gouttière qui est dans l'intérieur; la gouttière doit avoir deux pouces de large, sur autant de profondeur. En E on attache également un cercle de cuivre tourné et soudé en étain, qui doit joindre très-exactement sur celui des collets. A ce chapiteau on pratique une tuyère D au niveau de la gouttière intérieure, et assez longue pour dépasser le fourneau d'environ six pouces : elle doit avoir quatre ou cinq pouces de diamètre vers le chapiteau, et aller en diminuant jusqu'à deux pouces près de l'extrémité D. C'est cette partie qu'on nomme *queue* ou *bec du chapiteau*.

Le second genre de chapiteau proposé par M. *Baumé*, toujours pour l'alambic baignoire, diffère du précédent, en ce qu'il a seulement trois ouvertures; et sur ces ouvertures on adapte des chapiteaux à deux becs, *figure* 8, qui font les fonctions alors de six chapiteaux.

La platine, *figure* 7, qui doit couvrir la chaudière, doit être d'un cuivre un peu plus fort que la chaudière elle-même; elle doit être un peu voûtée, pour augmenter sa force, et on la soude exactement sur la chaudière.

Chaque ouverture doit être garnie d'un collet *figure* 9, de trois à quatre pouces de hauteur, et terminé également par un cercle de cuivre tourné, comme ceux du couvercle précédent. Les

C

ouvertures ont environ deux pouces et demi de diamètre : on pourroit les faire plus larges si l'on vouloit ; mais les cercles seroient difficiles à tourner, et pourroient perdre leur forme avant d'être attachés.

On pratique en F, *figure* 7, une douille en cuivre, tournée, de deux pouces de diamètre, et environ d'une égale hauteur ; c'est par cette ouverture que l'on remplit la chaudière sans déluter le chapiteau.

Chaque chapiteau a deux becs, *figure* 8, et doit également être garni en G d'un collet de cuivre tourné, comme ceux des chapiteaux précédens. La partie inférieure H s'emboîte comme un étui dans l'intérieur du collet, *figure* 9.

Néanmoins, continue M. *Baumé*, comme l'écoulement de la vapeur qui s'élève de la chaudière se fait en raison des ouvertures qu'on lui présente, je pense que cette seconde construction seroit un peu moins avantageuse pour la distillation, en ce que les trois ouvertures présentent moins de surface, pour donner passage aux vapeurs, que dans le chapiteau n°. 4. Cet alambic présente deux mille cinq cent quatre-vingt-douze lignes d'ouverture aux vapeurs, et celui-ci n'en présente que deux mille cent quatre-vingt-deux de surface ouverte. Cette construction seroit seulement moins dispendieuse, en ce qu'elle diminue le nombre des cha-

piteaux et des serpentins. Au lieu de faire les chapiteaux ronds, on pourroit les faire ovales, et de
toute l'étendue de la largeur du couvercle de la
chaudière, avec deux becs à chacun; ils devien-
droient aussi avantageux que les deux rangées de
chapiteaux dans la construction de l'alambic,
figure 4. La forme ovale est un obstacle considérable; tout ce qui s'écarte de la forme ronde
est impraticable aux chaudronniers.

Le troisième genre de chapiteau pour l'alambic-
baignoire, *fig.* 10, a quatre becs I,I,I,I. Les couvercles des deux premiers alambics, dit M. *Baumé*,
ont l'inconvénient de présenter aux vapeurs qui
s'élèvent de la chaudière beaucoup de parties
pleines, entre les chapiteaux, qui retardent les vapeurs dans leur marche pour enfiler le canal de
la distillation; c'est pour remédier à cet inconvénient que je propose un seul chapiteau de même ouverture que celle de la chaudière, et dans l'intérieur
duquel rien ne s'oppose à l'ascension des vapeurs.

L'intérieur de ce chapiteau contient une gouttière de deux pouces de large et autant de profondeur, ayant une pente vers les becs, pour conduire
la portion de liqueur qui se condense. Ce chapiteau doit être amovible; la partie qui doit reposer
sur la chaudière sera garnie en K, *fig.* 11, qui
est le même chapiteau vu de profil, d'un cercle
de cuivre bien dressé, d'environ neuf lignes car-
rées, sans aucune moulure.

Les bords de la chaudière de cet alambic doivent être aussi garnis d'un semblable cercle sans moulures, pour que les deux cercles joignent très-exactement l'un sur l'autre. Les quatre becs du chapiteau, *fig.* 10 *et* 11, doivent avoir chacun six pouces de diamètre en L, et se terminer à deux pouces par l'extrémité, pour entrer dans quatre serpentins de deux pouces de diamètre chacun dans toute leur étendue.

A la partie supérieure du chapiteau M, *fig.* 10 *et* 11, on pratique une douille de cuivre tournée, de deux pouces de diamètre, par laquelle on introduit dans l'alambic la liqueur à distiller. On se sert pour cela d'un entonnoir qui a un tuyau assez long pour descendre de quelques pouces au-dessous de la gouttière, afin qu'en chargeant l'alambic il n'entre rien dans la gouttière.

La construction des trois alambics proposés par M. *Baumé* est très-coûteuse, soit à cause des masses de cuivre qu'il faut tourner, soit par rapport à la difficulté de trouver des chaudronniers assez industrieux pour donner la forme prescrite à chaque pièce. M. *Baumé* convient qu'il a eu les plus grandes peines pour les faire exécuter sous ses yeux, et même dans la capitale du royaume, où l'on trouve les artistes les plus instruits et les plus exercés. A quelle dure extrémité ne seroiton pas réduit dans les provinces ! Il faudroit donc ou faire venir les ouvriers, ou tirer les alambics tout construits. Certes, les frais de voiture, les douanes de Lyon, de Valence, les péages, les huit sous pour livre, l'entrée des provinces réputées étrangères, etc. augmenteroient excessivement leur prix. Cependant, si, en dépensant beaucoup d'argent, on étoit assuré de la réussite dans les opérations, on ne regarderoit pas de si près au sacrifice.

Le premier et le second alambics ne peuvent être comparés au troisième. L'expérience prouve que plusieurs ouvertures ou becs, pratiqués dans un chapiteau, se nuisent mutuellement, et que le courant des vapeurs passe irrégulièrement, tantôt plus ou tantôt moins par un bec que par un autre ; enfin, que les uns fournissent constamment beaucoup, et les autres donnent très-peu.

Le troisième seroit le moins défectueux. D'après les proportions données par M. *Baumé*, on en a construit un semblable ; mais, soit défaut dans la construction, soit à cause des quatre becs, il n'a pas répondu à l'attente ; enfin on en a abandonné l'usage.

Une pièce assez inutile dans ces trois alambics est la gouttière indiquée pour l'intérieur des trois chapiteaux. Les vapeurs ne se condensent point dans les chapiteaux de la forme prescrite ; il suffit, lorsque la chaudière est en train, de porter la

main sur un chapiteau, et on se convaincra facilement, en le touchant, que la chaleur du cuivre
est trop forte pour permettre la condensation;
on ne tiendroit pas la main sur ce chapiteau pendant une seconde. Si le chapiteau étoit recouvert
par un réfrigérant, la gouttière seroit utile et
même nécessaire. La fraîcheur de l'eau, ou l'iné-
galité marquée de chaleur de l'eau et du cuivre,
fait condenser la vapeur, la réduit en eau, et cette
eau coule dans le serpentin. Dans les trois premiers,
la vapeur ne se condense que dans le serpentin.

Quoique l'évaporation ne s'exécute que sur la
surface de la liqueur, cependant ce n'est pas le
plus ou moins grand nombre d'ouvertures pratiquées sur la platine des deux premiers chapiteaux
présentés par M. *Baumé*, qui favorise spéciale-
ment l'élévation des vapeurs, puisque dans les
chaudières ordinaires, la vapeur monte très-bien
dans le chapiteau. Elle y monteroit mieux, il est
vrai, si le collet étoit plus large, et sur-tout si le
bec du chapiteau étoit presque aussi large que lui.
Ce seroit encore mieux, comme nous l'avons déjà
fait observer, si l'ouverture supérieure avoit la
même largeur que le bec, et si cette largeur al-
loit toujours en diminuant dans la pipe, proportion gardée avec le nombre des spirales; parce
que c'est dans la pipe, et non dans le chapiteau,
que s'exécute véritablement la condensation des
vapeurs par le secours de l'eau.

Il faut revenir, en partie, à la forme ordinaire des alambics, donner à la cucurbite plus de largeur, moins de profondeur; élargir le collet, le bec du serpentin, et son diamètre dans la partie plongée dans la pipe. A cet effet, on doit donner plus de hauteur à la pipe, et tenir les spirales en raison de cette hauteur.

L'alambic de M. *Baumé* suppose un fourneau convenable, soit pour le chauffer au bois, soit avec le charbon de terre. Voici les proportions qu'il donne à ce fourneau.

Du fourneau au bois. (Voy. *pl. III*) La *fig.* 1 représente le plan intérieur jusqu'au dessus de la porte du fourneau, avec les barres de fer qui doivent supporter la chaudière. La *fig.* 2 représente l'intérieur de la partie supérieure du fourneau. La *fig.* 3 représente l'élévation du fourneau vu de face.

Lorsque l'aire du fourneau est élevée, d'abord en moellon, et ensuite en briques, à la hauteur qu'on juge à propos, ordinairement à un pied au-dessus du terrein A, *fig.* 3, on élève tout autour des murs en briques, de douze pouces de hauteur et d'un pied d'épaisseur, en observant de pratiquer au devant une porte de douze à treize pouces carrée, garnie d'un bon châssis de fer, ayant deux gonds et un mentonnet pour recevoir une porte de forte tôle, garnie de deux pentures et d'un loqueteau. A mesure qu'on élève le fourneau, on scelle ce châssis qui doit avoir quatre grandes griffes aux quatre angles, pour être scellé solidement dans la maçonnerie.

On observe pareillement en B, *fig.* 1, de commencer la cheminée de toute la largeur du fourneau; on la fait en glacis, à commencer à quatre pouces au-dessus de l'aire du fourneau.

Lorsque les murs parallèles sont élevés, on pose sur le milieu deux barres de fer plat de chaque côté, dans leur longueur CC, DD, *fig.* 1. Ces barres de fer plat sont destinées à supporter les dix barres de fer qui traversent le fourneau, et sur lesquelles doit poser la chaudière. Ces dernières doivent avoir deux pouces d'équarrissage, afin qu'elles puissent supporter tout le poids de la chaudière. On en met un nombre suffisant pour les espacer de pied en pied, ou environ. Les bandes de fer plat posées sur la maçonnerie, et sur lesquelles posent les traverses servent à empêcher que le poids de la chaudière ne soit supporté sur la maçonnerie par un plus grand nombre de points : sans cette précaution, le fourneau seroit sujet à se tasser dans les endroits où reposent les barres de fer; l'à-plomb et le niveau de la chaudière se dérangeroient. Au moyen de cette disposition, il doit rester douze pouces de hauteur, depuis l'aire du fourneau jusqu'au dessous des barres, et quatorze pouces de hauteur, de puis la même aire jusqu'au fond de la chaudière, parce que les barres de fer doivent avoir deux pouces d'équarrissage : ainsi, le foyer doit avoir quatorze pouces de hauteur, si le fourneau est destiné à brûler du bois ; si on lui en donne davantage, on perd de la chaleur inutilement ; si on lui en donne moins, le fond de la chaudière se remplit de suie, et le fourneau est fort sujet à fumer.

Ce fourneau n'a pas besoin de grille ; une grille affame le feu, en laissant passer la braise en pure perte, à mesure qu'elle se forme, et elle met dans le cas de consommer beaucoup plus de bois.

Lorsque ce fourneau est élevé à cette hauteur, et que les barres de fer sont posées, on place la chaudière, en ayant l'attention de partager également, et tout autour, l'espace ou vide qui doit régner entre les parois de la chaudière et celles du fourneau ; ensuite, on continue d'élever le fourneau jusque vers la moitié de la hauteur de la chaudière, en laissant le même vide ; alors on élève encore deux rangées de briques tout autour de la chaudière ; et on les applique contre ses parois ; enfin, ce sont ces deux derniers lits de briques qui ferment et terminent la hauteur du fourneau.

En construisant le fourneau, on observe de continuer la cheminée. Cette continuation est représentée en B, *fig.* 2, qui est supposée s'adapter sur la *fig.* 1.

La prolongation de la cheminée au-dessus du fourneau est représentée en L , *fig.* 3. La trop grande capacité de la cheminée ne doit pas donner de l'inquiétude, parce qu'on empêche le tirage trop fort par une tirette K , *fig.* 3, qu'on pratique dans l'intérieur de la cheminée, à un pied ou un pied et demi au-dessus du fourneau. Cette tirette est formée par un châssis de fer à coulisse qu'on place dans l'intérieur de la cheminée, en la construisant, et d'une plaque de tôle qui glisse dans ce châssis, pour boucher la totalité ou une partie de la capacité de la cheminée ; ainsi , on règle le feu à volonté. On observe l'instant où la fumée cesse de sortir par la porte du fourneau ; et celui où le courant d'air l'empêche de refluer fait la juste proportion de l'ouverture qu'il convient de donner au passage de la fumée.

La *fig.* 4 représente l'alambic complet dans son fourneau. On voit, par les lignes ponctuées A , B , jusqu'où descend la chaudière dans le fourneau.

C'est la tirette pour régler le feu ; A est la tuyère par laquelle on vide la chaudière.

DD sont les becs du chapiteau ; E est le tuyau par où l'on remplit l'alambic ; F la porte du fourneau.

M. *Baumé* offre encore le modèle d'un autre fourneau propre à brûler du bois (Voyez *planche IV* , *figure* 1.) Il est rond dans son intérieur , parce qu'il est destiné à recevoir une chaudière ronde. Il est construit sur les mêmes principes et dans la même proportion que le premier fourneau. Il règne autour de la chaudière un espace vide de deux pouces; le foyer a également quatorze pouces de hauteur. Ce que l'on a dit suffit pour faire connoître le mécanisme de celui-ci.

Du fourneau au charbon de terre. (Voyez *pl. III* , *fig.* 5.) Elle représente la première partie du fourneau dont on va donner la description.

La *fig.* 6 représente la même élévation de ce fourneau, jusqu'à la hauteur des barres qui supportent la chaudière.

Sur un massif bien solide, on commence par former une aire en briques, qu'on élève à la hauteur qu'on veut : nous la supposons de quatre pouces au-dessus du terrein. Sur cette aire on élève deux massifs A , B , d'un pied de hauteur, et de deux pieds et demi de large chacun , et de toute la longueur du fourneau qu'on suppose avoir seize pieds de long. Il reste par conséquent un vide dans le milieu, d'un pied de large, et d'un pied de hauteur en C; c'est ce vide qui forme le cendrier. On peut, si l'on veut , lui donner plus de hauteur; le fourneau en chauffera davantage :

mais celle que l'on propose suffit, parce qu'on n'a pas besoin d'un feu de verrerie.

En construisant ce fourneau, on scelle au devant du cendrier un châssis carré de fer, garni de deux gonds et d'un loqueteau, pour recevoir une porte de tôle, afin de boucher à volonté le cendrier du fourneau.

Lorsque le fourneau est élevé à cette hauteur, on pose au-dessus du cendrier des barreaux de fer en travers, d'un pouce d'équarrissage et de deux pieds de long, afin qu'il y ait au moins six pouces de chaque côté renfermés dans les briques; ce sont ces barreaux qui forment la grille On les espace d'environ sept à huit lignes les uns des autres; et on peut, si l'on veut, les poser en diagonale, afin que la cendre puisse mieux passer au travers. Dans ce cas, il faut applatir les bouts qui posent sur les briques; sans cette précaution, il seroit difficile de les arranger solidement. Cette grille est représentée dans la *fig. 5*, *pl. VII*, sur une longueur de douze pieds, qui est celle de la chaudière.

Lorsque la grille est arrangée, on continue d'élever le fourneau à dix pouces de hauteur, mais en glacis, comme il est représenté dans la *fig. 6*. Ce glacis doit être plus large par le haut, de deux pouces de chaque côté, que n'est la chaudière qui doit entrer dans le fourneau, afin qu'il reste cette quantité d'espace par où la chaleur puisse circuler autour. En formant cette élévation, on observe de pratiquer au devant une porte d'un pied carré, garnie, comme celle du cendrier, d'un fort châssis de fer et d'une porte de tôle. On observe pareillement de commencer la cheminée au niveau de la grille en Q, *fig.* 5, et de lui donner un pied carré.

On pose ensuite sur le milieu des murs du glacis, et dans toute leur longueur, une bande de gros fer plat de chaque côté, et sur ces bandes on pose l'extrémité de dix barres de fer de deux pouces d'équarrissage, qui traversent presque la totalité du fourneau, ainsi qu'elles sont représentées dans la *fig.* 5. C'est sur ces barres qu'on pose la chaudière. Au moyen de cette disposition, le foyer du fourneau se trouve avoir douze pouces et demi de hauteur, depuis la grille jusqu'au cul de la chaudière.

On continue d'élever le fourneau pour envelopper à-peu-près un peu plus que la moitié de la hauteur de la chaudière; et on observe, comme dans le premier fourneau, de laisser tout autour un espace de deux pouces entre les parois de la chaudière et celles du fourneau. On observe également de pratiquer la cheminée à mesure que le fourneau s'élève : on peut, si l'on veut, la faire plus large qu'un pied carré; mais cela est inutile, parce que le charbon de bois ou de terre ne fait pas de suie qu'il faille ôter, comme dans les cheminées qui reçoivent la fumée du bois.

La hauteur de la cheminée est indifférente ; il suffit qu'elle n'ait pas moins de six pieds. On peut lui donner plus de hauteur, si le local l'exige.

On pratique de même une tirette comme dans la cheminée du premier fourneau, pour régler le courant d'air, avec cette différence, que celle-ci est tournante sur son axe, au lieu d'être à tiroir, comme le sont celles dont on a parlé. Cette disposition est plus avantageuse pour distribuer uniformément le courant d'air, et par conséquent pour appliquer la chaleur également. Elle est pratiquable dans les fourneaux à charbon, parce qu'il ne se forme pas de suie combustible qu'il faille ôter ; mais elle seroit embarrassante dans les fourneaux à bois, parce qu'elle est à demeure ; et ne pouvant sortir de la cheminée, elle feroit obstacle au ramonage. Comme cette tirette tourne sur son axe, on pratique une roue dentée hors de la cheminée, pour la fixer ouverte au point qu'on désire, à l'aide d'un crochet scellé dans la muraille, qui s'introduit dans les dents. (*Voyez* la disposition de cette tirette et la cheminée K, *fig.* 7.) Elle est armée d'un anneau par dehors, pour pouvoir la tourner commodément.

Cette *fig.* 7 représente la totalité du fourneau garni de sa chaudière sans chapiteau, ayant la liberté de choisir celui qu'on voudra dans les trois chapiteaux représentés *pl. II, bis.*

A, B, *fig.* 7, *pl. III*, sont les portes du fourneau. C'est la tuyère par où se vide la chaudière. Les lignes ponctuées DC marquent l'endroit jusqu'où descend la chaudière.

Les fourneaux dans lesquels on se propose de brûler du charbon de bois doivent avoir une grille ; sans cela le charbon ne brûleroit que jusqu'à un certain point, et le feu s'étoufferoit. Les barres qui la composent doivent avoir un pouce d'équarrissage.

L'intérieur de ce fourneau, au-dessus du cendrier, forme, depuis la grille jusqu'aux barres qui doivent supporter la chaudière, un triangle dont l'angle inférieur est tronqué, comme la *fig.* 6 le représente OO, DD. Cette forme est commode dans les fourneaux où l'on se propose de brûler du charbon, soit de terre, soit de bois, et dans lesquels la nécessité n'oblige pas d'appliquer un feu de verrerie. Au moyen des deux plans inclinés qu'a le foyer, on peut facilement ramener la matière combustible sur la grille. Si ce foyer avoit toute la largeur du fourneau, le charbon brûleroit mal, ou, pour qu'il brûlât bien, il faudroit en mettre, dans toute son étendue, une épaisseur suffisante qui produiroit beaucoup plus de chaleur qu'on n'en a besoin. Néanmoins cette forme n'est pas la plus avantageuse, lorsqu'il convient d'appliquer la chaleur bien uniforme dans toute l'étendue du fourneau. M. *Baumé* a observé dans les sublimations des matières sèches, faites en grand, que la chaleur s'élève suivant les lignes pontuées AA, BB, *fig.* 8, et que les espaces compris entre ces mêmes lignes et les parois du fourneau reçoivent beaucoup moins de chaleur. Les sublimations ne s'y faisoient pas, tandis qu'il arrivoit souvent que la chaleur étoit trop forte dans le milieu du fourneau. M. *Baumé* dit qu'il n'en est pas de même à l'égard des fluides qu'on veut mettre en évaporation. La chaleur se communique de proche en proche, sans qu'on soit obligé de l'appliquer localement, comme lorsque l'on opère sur des matières sèches.

L'assertion de M. *Baumé* n'est pas fondée. La chaleur agit également sur le sec comme sur l'humide, et l'expérience de ces sublimations prouvoit l'inutilité, *au moins partielle*, si je ne dis pas presque totale, de ce vide que l'on laisse toujours entre la chaudière et les parois du fourneau. Il vaut donc mieux, comme je l'ai dit plus haut, appliquer directement la flamme contre la chaudière, en ménageant une spirale formée par des briques tout autour.

ARTICLE V.

De l'Alambic et des fourneaux proposés par M. Moline, prieur-chefecier de la commanderie de Saint-Antoine, ordre de Malte, à Paris, (Voyez fig. 2, pl. IV.)

FOURNEAU. Corps du fourneau IIII, *fig.* 2, garni de ses alambics et de tout ce qui en dépend; et *fig.* 3, fourneau dont on a enlevé les alambics.

2. Porte de tôle sur un châssis de fer. (Examinez toujours les *fig.* 2 et 3.)

3. Porte du cendrier, pratiquée dans la grande porte.

4. Grille en fer, *fig.* 3.

5. Portes intérieures, *fig.* 3, pour un fourneau à charbon de terre. En poussant ces deux portes intérieures contre le mur où elles se noyent, alors le fourneau sert pour le bois; c'est donc un fourneau propre aux deux usages.

6. Communication, *fig.* 3, du fourneau dans le bain ou galère des alambics.

Intérieur du bain. Conducteurs de la chaleur, de la flamme, de la fumée, 7,7, *fig.* 3.

8. Recoupe dans les murs extérieurs pour supporter les alambics et les encaisser.

D

9. Mur de séparation des deux conducteurs de la flamme; ce mur supporte une portion de toute la longeur des alambics.

Cheminée: 10, *fig.* 3, bouches de la cheminée; 11, corps de la cheminée; 12, tirette en bascule pour le charbon.

Murs extérieurs, 13 *fig.* 3.

Robinet et tuyau ou *tuyère*, 14, *fig*, 4; il traverse et est maçonné dans l'épaisseur du mur n°. 13, *fig.* 3, et il communique à la partie inférieure de l'alambic, dans l'endroit ou cette partie est le plus inclinée. Ces robinets ou ces tuyères, s'il y a plusieurs alambics, doivent être parfaitement soudés avec le corps des alambics, et ils servent à les débarrasser de la vinasse ou décharge après que la distillation est finie.

Alambics. Si on veut déplacer les quatre alambics de la *fig.* 2, pour voir les conducteurs de la flamme 7,7, *fig.* 3, il faut alors détruire la maçonnerie qui enchâsse les tuyères 14, *fig.* 4.

Le corps de l'alambic ou des alambics 16, *fig.* 2, est noyé dans le mur jusqu'à l'endroit où il s'emboîte avec son couvercle; et dans l'autre, il porte sur le mur 9, *fig.* 3, qui se trouve entre les deux courans de flamme.

Son couvercle est bien luté avec le corps de l'alambic, et ne s'enlève que lorsque l'alambic ou la maçonnerie ont besoin de réparation. On sent que ce couvercle doit être exactement luté pour empêcher la sortie des vapeurs.

Le cou du chapeau ou chapiteau 17. *fig.* 4, tient avec le couvercle, et fait une seule pièce avec lui ; son extrémité commence dans le chapiteau à former la gouttière que l'on connoît trop pour la décrire ici.

Le réfrigérant 18, *fig.* 2 et 4.

Bec du serpentin, qui s'emboîte dans le tuyau de la gouttière A, *fig.* 2 et 4 du chapiteau. Ce tuyau doit être parfaitement soudé avec lui, et exactement luté dans l'endroit de son insertion avec le serpentin.

Tuyau du réfrigérant 20 *fig.* 2, qui sert, 1°. à envelopper le serpentin et son bec ; 2°. à conduire l'eau du réfrigérant dans la pipe.

Ouverture 21, *fig.* 2 et 4, fermée par un tampon de bois garni de filasse, par laquelle on charge l'alambic. Cette ouverture sert encore à mesurer s'il est chargé dans la proportion convenable. Le tampon doit boucher exactement, et il vaudroit encore mieux qu'il fût à vis dans son écrou.

Pipe du serpentin 22, *fig.* 2 et 5. Cette pipe ou ce tonneau est en bois de chêne, cerclé en fer, monté sur un massif de maçonnerie B, *fig.* 2 et 5, qui ne doit pas toucher le mur du bain des alambics, afin de ne pas participer à sa chaleur.

Serpentin en étain pur 23, *fig.* 5, garni de ses supports, pour qu'il ne vacille point. Prolongation 25, *fig.* 5, du serpentin, qui conduit les vapeurs jusque dans le bassiot 29 *fig.* 2 et 5.

Tuyau conducteur 25, *fig.* 5, de l'eau de la pipe du serpentin dans celle du bassiot, et enveloppant la prolongation du serpentin.

Pipe du bassiot 26, *fig.* 2 et *fig.* 5, également en bois de chêne et cerclée en fer. Au bas du bassiot est une cannelle 27, *fig.* 2 et 5, par laquelle s'échappe l'eau de la pipe dans une rigole pratiquée exprès pour conduire cette eau hors de la brûlerie.

Bassiot 29, *fig.* 2, 5 et 6; il est en bois de chêne mince et cerclé en fer; il est plongé dans sa pipe qui le surmonte de quelques pouces, et l'eau de cette pipe recouvre le bassiot.

Couvercle 30 *fig.* 6; s'il étoit en étain et fermant avec un écrou, il empêcheroit plus exactement toute communication de l'eau de la pipe avec l'eau-de-vie. On peut le faire en bois pour plus d'économie, pourvu qu'il ferme bien. 31, *Tuyau* qui reçoit la base du serpentin, et par conséquent l'esprit ardent qui distille; ce tuyau doit descendre presque jusqu'au bas du bassiot. 32, *Tuyau* adapté au couvercle du bassiot par où s'échappe l'air qui sort du vin pendant la distillation. Ces deux tuyaux doivent surmonter la pipe, afin d'empêcher l'eau dont cette pipe est remplie de pénétrer dans le bassiot.

Conducteurs 34, *fig.* 2, de l'eau dans les réfrigérans. Il est ici supposé que, par un puits à roue, ou par une fontaine, ou par un réservoir, on peut à volonté, et à cette hauteur, faire couler l'eau.

M. *Moline* propose un autre genre de bain beaucoup plus simple que le premier. (*Voyez fig.* 7.) Ouverture du fourneau 35 ; conducteur de la flamme et de la fumée 38, qui se prolonge jusque dans la cheminée 37, garnie d'une tirette 36 ; c'est-à-dire que la cheminée est placée à côté du fourneau, et que la flamme ne parvient à la cheminée qu'après avoir parcouru les deux parties de la galère, séparées presque jusqu'au bout par un mur. De ces détails passons aux proportions des pièces, et aux motifs qui ont déterminé leur forme, et nous finirons le tout par quelques observations particulières.

M. *Moline* établit trois principes pour justifier la forme de ses fourneaux et de son alambic : Il n'y a point de distillation sans évaporation ; il n'y a point d'évaporation sans courant d'air ; enfin l'évaporation ne s'exécute que par les surfaces.

La longueur totale de chaque alambic est de 5 pieds 6 pouces, et sa largeur est de 2 pieds 6 pouces.

La hauteur de la chaudière proprement dite

est d'un pied six pouces, et les six pouces servent à emboîter le chapiteau par-dessus.

La voussure du chapiteau est de huit pouces, son col ou collet de six pouces de hauteur.

La tête de more, ou chapiteau, a un pied de diamètre, et dans sa plus grande largeur un demi.

L'emboîtement de la chaudière dans la recoupe du mur est de trois pouces de chaque côté.

Le fourneau, moyennant ces deux doubles portes, peut servir pour le bois et pour le charbon. L'épaisseur de ses murs est d'un pied six pouces ; sa profondeur intérieure de quatre pieds six pouces. Lorsqu'on voudra faire usage du charbon de terre, il suffira de le raccoucir en fermant les deux portes placées dans la partie intérieure du fourneau, et de couvrir d'une plaque de fer ou de fonte la partie du cendrier qui devient inutile. La grande et la petite porte extérieure du fourneau resteront ouvertes ou fermées suivant le besoin, et ces portes empêcheront toute évaporation de fumée dans la brûlerie.

La largeur intérieure du fourneau est de deux pieds.

La hauteur du cendrier, garni de sa grille, est de six pouces ; l'inclinaison du cendrier également de six pouces. On auroit pu, à la rigueur, ne donner aucune inclinaison au cendrier ni aux canaux de la flamme qui passent sous les alambics, puisque le fourneau des distillateurs des eaux-fortes, qui a quinze pieds de longueur et même plus, n'en a point; cependant la cheminée attire mieux quand il y a un plan légèrement incliné.

De la grille au toit du fourneau, la hauteur est d'un pied six pouces. Ce toit à la même inclinaison que le cendrier, et est plus bas que les canaux, ou la galère, afin que le fumée, la flamme, et la chaleur, enfilent plus commodément et avec moins d'obstacle les conducteurs. L'inclinaison de la bouche des conducteurs au sol du cendrier est d'un pied huit pouces.

De l'extérieur du bain des alambics. M. *Moline* se sert du mot *bain*, comme on dit *bain de sable*, *bain-marie*, etc. parce qu'il faut distinguer cette maçonnerie de celle du fourneau proprement dit, tandis que dans les alambics ordinaires la maçonnerie sert également au fourneau et à l'enceinte de l'alambic. Le total de la maçonnerie du bain, en comprenant tous les murs, est de quatorze pieds quatre pouces; la largeur, en y comprenant les murs, est de huit pieds; l'épaisseur des murs jusqu'à la recoupe est d'un pied six pouces.

D 4

De l'intérieur du bain des alambics. La longueur est de onze pieds deux à quatre pouces. Il faut cette différence d'un à deux pouces, parce qu'on ne peut répondre de la parfaite exactitude de l'ouvrier qui exécute les chaudières. Au reste le petit vide qui se trouvera aux extrémités quand les alambics seront placés, sera bouché par un ciment bien corroyé, qui remplira exactement les interstices entre la chaudière et la maçonnerie.

Largeur, quatre pieds six pouces.

Recoupe sur les parois des conduits de trois pouces et quelques lignes. Cette recoupe sert à porter les alambics, et ils sont, par ce moyen, supportés dans toute leur longueur, sans recourir à des barres de fer. Cependant on pourroit, absolument parlant, si l'on craignoit que la portée de cinq pieds six pouces qu'ont les chaudières fût trop considérable, et que le poids du vin les fît bomber dans le milieu, soutenir ce milieu par une traverse qui s'enchâsseroit dans le mur extérieur, et porteroit de l'autre bout sur le mur de séparation placé dans le milieu du bain. Ces traverses sont assez inutiles.

La bouche de chaque conduit de chaleur a un pied quatre pouces. *Le mur de séparation*, dans le milieu du bain, a six pouces d'épaisseur. *Les murs de côté* doivent couvrir, à un pouce près, la chaudière proprement dite, c'est-à-dire, à un pouce près de l'endroit où le chapiteau s'emboîte avec la chaudière. Les *dégorgeoirs* dans la cheminée sont chacun d'un pied en carré.

On sent combien il est important d'avoir une terre bien corroyée pour servir de lien aux briques employées dans les murs du fourneau et du bain, et de ne laisser aucun vide entre les briques. Il est essentiel que l'intérieur du fourneau et des conduits de chaleur soit garni d'une ciment bien lissé, afin que la flamme et la chaleur ne trouvent pas ces petites rugosités qui s'opposent toujours à la vitesse de leur marche : ce corroi servira également pour ne laisser aucun jour entre un alambic et son voisin ; et, dans la supposition de quelques gerçures qui laisseroient un passage à la chaleur ou à la fumée pendant l'opération, il sera aisé d'y remédier, en insinuant ce corroi humide, et par-dessus un sable fin, si la chaleur de l'alambic le desséchoit trop promptement.

Il reste à parler de l'inclinaison que doivent avoir les conduits de la flamme.

On vient de dire que le bain avoit dans son intérieur onze pieds quatre pouces ; mais, comme les parois de ce bain et la surface du mur intérieur qui porte les alambics doivent avoir une inclinaison, il faut qu'elle soit douce, sans quoi une partie de la base de l'alambic resteroit vide dans la distillation, tandis que l'autre auroit encore beaucoup de liqueur à distiller; et la partie vide brûleroit et se calcineroit. Or, dans cet état, le fond de la chaudière sera toujours recouvert par ce qu'on appelle *baissière*, *vinasse*, *résidu du vin*, qui ne donne plus d'esprit ardent, mais une simple liqueur qui a un goût acide tartareux et résineux. Deux lignes par pied seront suffisantes. Cette inclinaison produit deux avantages; le premier est de faciliter les progrès de la flamme et de la chaleur; le second est de pouvoir faire sortir, par la fontaine ou décharge pratiquée dans la partie la plus basse de la chaudière, toute la vinasse qu'elle contient après la distillation, afin d'en recommencer une nouvelle.

De la cheminée. Son diamètre de l'intérieur dans le bas est de deux pieds. La largeur intérieure de six pouces est aussi large et aussi profonde dans le haut que dans le bas. L'épaisseur de ses murs est de six à huit pouces, objet arbitraire.

La tirette, ou coulisse pratiquée dans le bas de la cheminée, doit être placée directement audessus de la bouche des conducteurs de la flamme et de la chaleur, afin de fermer l'intérieur de la cheminée, et intercepter le courant d'air. Quand l'intérieur du fourneau et des conducteurs est bien échauffé, et lorsque le bois est réduit en braise, on pousse cette tirette ; la chaleur reste concentrée dans le fourneau, et suffit pour continuer la distillation.

Du réfrigérant. Dans toutes les grandes brûleries de l'Europe, on a supprimé l'usage du réfrigérant sur le chapiteau ; cependant M. *Moline* insiste à le rétablir à son ancienne place, parce qu'à l'exemple des liquoristes, on obtient une eau-de-vie plus dépouillée de mauvais goût et de mauvaise odeur. Ce réfrigérant doit prendre près de la naissance du chapiteau, et à un demi-pouce au-dessous de l'endroit où la gouttière est placée intérieurement. Il environne de toutes parts le chapiteau, et entr'eux il se trouve un vide de quatre pouces que l'eau remplit. Le réfrigérant s'élève à trois ou quatre pouces au-dessus du chapiteau, de manière qu'il est entièrement couvert par l'eau amenée par le conduit. Ce réfrigérant est percé d'un trou à sa base, par où passe le bec du chapiteau qui doit communiquer au serpentin, et ce bec est enveloppé du tuyau propre du réfrigérant ; de sorte que ce bec est environné par l'eau qui s'échappe du réfrigérant par son propre tuyau, et qui se continue jusqu'à ce qu'il trouve l'endroit du serpentin qui plonge dans l'eau de la pipe. Ainsi, en supposant que la conduite d'eau donne deux pouces d'eau dans le réfrigérant, son tuyau en dégorge autant dans la pipe du serpentin.

De la pipe du serpentin et de celle du bassiot. M. *Moline* exige, avec raison, que la première soit plus grande, plus vaste, que les pipes ordinaires, où l'eau s'échauffe trop facilement : la grandeur de la pipe engage à donner plus de volume au serpentin. Au bas de cette pipe est un tuyau par lequel passe la dernière extrémité du serpentin qui va gagner le bassiot. C'est par le moyen de ce tuyau que l'eau de la pipe s'écoule dans le bassiot en accompagnant toujours le serpentin, et par conséquent le rafraîchit sans cesse, depuis son union au bec du chapiteau jusqu'au bassiot.

Du bassiot. M. *Moline* exige qu'on ajoute une pipe au bassiot, toujours dans la vue de maintenir la fraîcheur, et de procurer par-là l'entière condensation des esprits, afin qu'il ne s'en évapore point. Son bassiot est garni de deux tuyaux ; l'un qui s'adapte au bas du serpentin, et plonge presque entièrement au fond du bassiot ; et l'autre, pour laisser échapper la grande quantité d'air qui se dégage pendant la distillation. Ce second tuyau sert encore à mesurer la quantité d'esprit qui a coulé dans le bassiot. Un morceau de liège sert de base à une règle de bois implantée dans ce liège ; cette règle est graduée par pouces, et on sait combien chaque pouce d'élévation suppose de pintes d'esprit dans le bassiot. A mesure que l'esprit coule, le liège s'élève, et la règle par conséquent: de manière que, sans mesurer, on connoit le nombre de pintes que le bassiot a reçues.

Ces détails offrent des particularités dont on peut tirer un grand parti, et quelques défauts dont ils faut se préserver. Le fourneau, n°. 7, *pl. IV*, est bien simple, et la flamme et la chaleur qui reviennent presque au point d'où elles sont parties, leur donnent le temps d'agir directement sous les chaudières, et de ne pas se perdre inutilement dans la cheminée.

La manière de faire dans l'instant d'un fourneau à bois un fourneau à charbon est heureuse. Il faudroit supprimer la grille pour le bois, parce que la braise tombe inutilement dans le cendrier. Une plaque de fer qu'on substitueroit et qu'on placeroit à l'instant sur la grille suppléeroit à cet inconvénient.

Le défaut essentiel des alambics est d'avoir leur collet trop étroit; un diamètre du double de celui qui est prescrit vaudroit beaucoup mieux

Le courant d'eau froide qui prend depuis le réfrigérant, et qui accompagne le serpentin jusque dans le bassiot, est contraire à la bonne distillation. Lorsque, dans les laboratoires de chimie ou des liquoristes, on distille avec des alambics garnis de réfrigérans, on voit que, toutes les fois

qu'on change l'eau froide du réfrigérant, et qu'on
lui en substitue de la froide, la distillation se ral-
lentit et s'arrête pendant quelques minutes. Il faut
que le chapiteau se réchauffe, pour qu'elle recom-
mence comme auparavant. Cette eau froide, tout-
à-coup jetée sur le chapiteau, fait condenser les
vapeurs, et elles retombent en gouttes dans la
chaudière : voilà pourquoi elles ne peuvent pas
s'arrêter dans la gouttière, et de-là couler dedans
par le bec du serpentin. Ce n'est donc pas à un
vide parfait, qui, dans le moment, s'exécute dans
le chapiteau, qu'on doit attribuer la cessation ou
le ralentissement de la distillation. Ce courant
d'eau, perpétuellement froide sur le chapiteau,
nuiroit plus à la distillation, qu'il ne lui seroit utile.

A R T I C L E V I.

Des Alambics pour la distillation des esprits.

C'est à M. *Baumé* qu'on doit cet alambic monté
en grand. (*Voyez pl. III, fig.* 1). Dans les
grandes brûleries, on tire les esprits avec le même
alambic qui sert pour les eaux-de-vie ; la seule
attention est de modérer le feu, de manière que
le filet qui coule soit toujours petit. La distillation
des esprits, à égale quantité de liqueur, dure deux
tiers plus de temps que celle des eaux-de-vie.

Première pièce. On fait faire un baquet de cuivre
rouge, de six pieds de diamètre, et de deux pieds

et demi de hauteur. Le chaudronnier peut facilement restreindre cette pièce, former par le haut
un renflement, et rétrécir l'ouverture de cinq
pouces, pour former ce qu'on nomme un bouillon
P, *fig.* 1, *pl. IV*. Ce bouillon sert à donner de
la grace à ce vaisseau, et à éloigner le bain-marie
des parois de la chaudière. On pratique un collet N,
de trois à quatre pouces de hauteur, couronné
par un cercle de cuivre jaune ou rouge, tourné.
Au fond, en O, on soude un tuyau d'un ponce
et demi ou deux pouces de diamètre, et de treize
pouces de longueur, avec un collet tourné à l'extrémité, pour pouvoir le boucher commodément
avec du liège. C'est par cette ouverture qu'on vide
la chaudière. A la partie supérieure de la cucurbite P, on pratique une douille également tournée, de deux pouces de diamètre, et d'autant de
hauteur; c'est par cette douille qu'on remplit le
vaisseau, sans le déluter; on la bouche avec du
liège.

Deuxième pièce. Le chapiteau doit avoir quinze
pouces de hauteur au-dessus du collet de la cucurbite. On pratique dans l'intérieur une gouttière de deux pouces de profondeur, et de deux
pouces de large; ce chapiteau a la forme d'un cône
très-applati. On pratique à deux endroits, et au niveau de la gouttière, deux tuyaux QQ, d'un pied
quatre pouces de longueur, de huit pouces d'ouverture à l'endroit de la soudure, qui vont en di-

minnant, lesquels forment deux becs qui entrent de trois pouces, par l'extrémité, dans deux serpentins de deux pouces de diamètre dans toute leur étendue, lesquels doivent être plongés dans une grande cuve de bois ou de cuivre pleine d'eau froide.

La cucurbite et le chapiteau réunis forment l'alambic propre à distiller à feu nu.

Troisième pièce. Lorsqu'on veut distiller au bain-marie, on introduit dans la cucurbite un second vaisseau d'étain ou de cuivre étamé, du même diamètre que celui de la cucurbite, et de deux pieds de profondeur ; on adapte par-dessus le même chapiteau. Les trois pièces réunies forment l'alambic propre à distiller au *bain-marie*. On remplit d'eau la cucurbite, et on met dans le bain-marie la liqueur qu'on veut distiller ; on lute les joints avec des bandes de papier, enduites de colle de farine ou d'amidon, ou avec de la vessie coupée par bandes et bien mouillée.

Cet alambic peut servir à distiller à feu nu et au bain-marie ; dans l'un et l'autre cas, on adapte les serpentins aux becs du chapiteau : mais les vaisseaux n'ont pas la même hauteur dans les deux dispositions, parce que le bain-marie a un collet d'environ trois pouces, qui exhausse les vaisseaux d'autant. Si, après avoir distillé au bain-marie, on vouloit distiller à feu nu, on verroit que les becs

des

des chapiteaux se rapporteroient à trois pouces au-
dessous de l'embouchure des serpentins ; il faudroit alors élever le fourneau de trois pouces, ou
baisser les serpentins de pareil quantité, ce qui
seroit absolument impraticable de la part du fourneau, qui doit être bâti en bonne maçonnerie de
moellon et de brique. Les serpentins ne seroient
pas moins incommodes à baisser, à cause de leur
poids. On suppose les cuves ou pipes de sept
pieds de profondeur, et d'environ six pieds de
largeur, ce qui produit un volume d'eau d'environ six mille huit cent quatre-vingts pintes, mesure de Paris. Une cuve de cette espèce n'est point
maniable, lorsqu'elle est pleine d'eau. Pour parer
à toutes ces difficultés, on a l'attention, en faisant
bâtir le fourneau et les massifs des serpentins, de
prendre des dimensions avec l'alambic complet,
c'est-à-dire les trois pièces réunies, chaudière,
bain-marie, et chapiteau ; on place les serpentins
dans la direction des becs des chapiteaux, et on
introduit dans le serpentin QQ, *fig.* 1, *pl. IV*,
un tuyau soit de cuivre, ou d'étain. Cette pièce se
nomme *ajoutoir* : elle doit entrer dans le serpentin d'environ six pouces, et va et vient pour unir
le bec du chapiteau avec le serpentin, de manière
qu'en la retirant, il en reste trois pouces dans
l'ouverture du serpentin, et les trois pouces supérieurs sont pour le bec du chapiteau.

La disposition de ces vaisseaux est pour distiller

E

au bain-marie ; mais lorsqu'il faut distiller à feu nu
ou dans le même alambic , on ôte le bain-marie.
Si on pose le chapiteau sur la chaudière , on s'a-
percevra qu'il est trop bas dans toute la hauteur
du collet du bain-marie, et les becs du chapiteau
ne peuvent plus s'unir avec les serpentins ; mais
on fait pratiquer un cercle en cuivre ou en étain ,
de même diamètre que la chaudière, et de même
hauteur que le collet au bain-marie. On adapte
ce collet sur la chaudière, et on met le chapiteau
par-dessus : alors on a la même hauteur que si
l'on distilloit au bain-marie, et les becs du chapiteau se rapportent parfaitement bien avec l'ouverture des serpentins.

Chaque cuve du serpentin est garnie d'un robinet SS, *fig.* 1, *pl. IV*, pour les vider lorsque
cela est nécessaire ; elle contient encore un tuyau
de décharge ou de superficie T. Ce tuyau est destiné à évacuer l'eau chaude du serpentin , lorsqu'il
convient de l'ôter. On met dans la cuve un entonnoir V, dans un tuyau qui descend jusqu'au bas.
On fait tomber l'eau d'une pompe dans l'entonnoir.
Comme l'eau froide est plus pesante que l'eau
chaude, elle se précipite au fond, elle élève d'autant la surface de l'eau, qui sort par le tuyau T de
décharge ou de superficie. Cette mécanique est
nécessaire pour les alambics de grande capacité ,
où l'eau contenue dans les serpentins n'est pas

suffisante pour rafraîchir la totalité de la liqueur qui doit distiller, et où il faut changer d'eau pendant la distillation. Comme l'eau de la cuve ou pipe des serpentins s'échauffe par la partie supérieure, et de couche en couche, on peut, au moyen de cette machine fort simple, ôter l'eau chaude, quand il y en a.

On est redevable à M. *Munier*, sous-ingénieur des ponts et chaussées de la ville d'Angoulême, de la première idée de ce rafraîchissoir. On en voit la représentation dans la gravure, *fig.* 4, qui accompagne son mémoire inséré dans le *Recueil des Mémoires sur la manière de brûler les eaux-de-vie*, couronné et publié par la société d'agriculture de Limoges, en 1767. M. *Munier* la place à l'extérieur de la pipe, et M. *Baumé*, à l'intérieur; ce qui revient à-peu-près au même.

Je désirererois, pour la plus grande perfection, que, par ce tuyau, il coulât toujours une petite quantité d'eau, et que par une échancrure au haut de la pipe, il s'échappât par un tuyau la même quantité d'eau que celle qui coule par l'autre. Il en résulteroit que les vapeurs se condenseroient beaucoup mieux par une graduation de fraîcheur successive, et qui iroit toujours en augmentant, de sorte que l'eau froide du bas de la pipe feroit que le filet d'eau-de-vie qui coule par le bas du serpentin seroit lui-même très-froid; ce qui est un point des plus essentiels.

Au moyen de cet alambic, chargé d'eau-de-vie commune, on retire l'esprit-de-vin par une ou par deux chauffes, suivant le degré de la spirituosité qu'on désire.

Article VII.

Des Alambics pour la distillation des marcs de raisin et des lies.

M. *Baumé* propose pour cet usage l'alambic qu'on vient de décrire, *fig.* 1, *planche IV*, et voici comme il s'explique. « Il y a une quantité de marc provenant des substances fermentées qui sont ou entièrement perdues, ou dont on tire une petite quantité de mauvaise eau-de-vie, parce qu'elle a toujours une odeur ou une saveur désagréables : ce qui les a fait proscrire ». M. *Baumé* auroit dû ajouter, dans l'intérieur de Paris, et non en Lorraine, puisque la distillation des marcs forme une ferme attachée aux octrois de la plupart des villes de cette province. On en distille en Franche-Comté, en Dauphiné, quelque peu en Languedoc, en Provence, dans la Brie. La proscription s'étend, pour Paris, sur les eaux-de-vie de lie-de-vin, de cidre, de poiré ; cependant, lorsque ces substances sont traitées convenablement, elles fournissent une eau-de-vie qui n'est absolument point différente de celles qu'on obtient directement des vins. Les eaux-de-vie de marc ont toujours une mauvaise odeur, parce qu'elles sont distillées à feu nu. L'expérience a prouvé, dit M. *Baumé*, que, lorsque l'on distille ces marcs au bain-marie, l'eau-de-vie qu'on en retire n'a plus les mauvaises qualités qu'on lui reproche : elle est si semblable aux eaux-de-vie tirées immédiatement du vin, qu'il est absolument impossible de les distinguer. Cette assertion de M. *Baumé* est trop générale : nous l'examinerons tout-à-l'heure. D'un autre côté, M. *Baumé* a reconnu par l'expérience que les marcs distillés au bain-marie fournissent un tiers moins d'eau-de-vie que lorsqu'on les distille à un feu nu.

D'après ces observations, M. *Baumé* a imaginé un moyen qui tient le milieu entre le feu nu et le bain-marie. Il mit cent livres de marc de raisin dans un panier d'osier qui avoit une croix de bois sous son fond d'environ deux pouces de hauteur. Ce panier fut placé dans un alambic de capacité suffisante, et on ajouta assez d'eau, pour que le marc fût bien délayé ; par ce procédé, on retira de ce marc la même quantité d'eau-de-vie que celle obtenue d'une pareille quantité distillée auparavant sans panier ; avec cette différence cependant, que l'eau-de-vie qui en résulta n'avoit absolument point de goût étranger aux eaux-de-vie ordinaires ; enfin elle n'avoit aucun des défauts qu'on reproche aux eaux-de-vie de marc.

Comme ce panier d'osier ne résisteroit pas long-tems à ces opérations, M. *Baumé* propose un vaisseau plus commode. Il s'agit de faire un collet de cuivre semblable à celui de la partie supérieure du bain-marie, et d'achever la capacité de ce vaisseau en grillage de fil de laiton, ou bien faire faire un bain-marie en cuivre, et le découper ainsi qu'il est représenté, *fig.* 9, *pl. III.* Il est essentiel que ce grillage ne soit ni trop large, pour que peu ou point de marc ne passe à travers; ni trop étroit dans la crainte que le mucilage que produit le marc pendant la distillation ne bouche les trous, ce qui empêcheroit le jeu de l'ébullition, et la liqueur de pénétrer le centre du marc : une toile qu'on voudroit employer en place de ce vaisseau, auroit le même inconvénient. La *fig.* 10 représente le fond de ce vaisseau.

Si on se sert de l'alambic en forme de baignoire, on pourra employer le grillage représenté par la *fig.* 11.

Malgré tous les paniers et tous les grillages proposés par M. *Baumé*, nous ne conseillons point de distiller les marcs à feu nu. 1°. La liqueur est toujours trouble, et les débris du parenchyme du fruit, et les portions de pellicules, et sur-tout les pepins, s'échappent à travers les grillages les plus serrés. Les uns et les autres touchent et frottent sans cesse contre les parois de la chaudière : ils s'y corrodent , s'y calcinent ; et de là le mauvais goût et la mauvaise odeur.

2°. Les auteurs n'ont point assez considéré l'effet des pepins. Le pepin contient une amande, et cette amande est très-huileuse ; on peut même en retirer une assez grande quantité d'huile qui brûle très-bien , donne une belle flamme claire et bleue. La chaleur de la liqueur bouillante pénètre cette amande ; l'esprit ardent attaque son huile ; et cette huile, mêlée en partie avec lui, réagit sur lui ; et voilà l'origine du mauvais goût des eaux de-vie de marc, que les grillages et paniers ne préviennent que foiblement. Pour s'en convaincre, il suffit de prendre les pepins après la distillation, de les soumettre à la presse, et on n'en obtient alors que peu ou point d'huile. Qu'est donc devenue la surabondance de cette huile ? Une partie a été brûlée contre les parois de la chaudière, et l'autre s'est combinée avec l'esprit ardent ; enfin, la première partie a encore ajouté au mauvais goût de la liqueur distillée, et ce mauvais goût n'est même pas celui d'empyreume ou de brûlé, mais un goût particulier qu'il est plus aisé de reconnoître que de définir.

Par la distillation au bain-marie, ces goûts particuliers ne sont pas si sensibles, il est vrai ; mais toutes les fois qu'on distillera le marc en nature, ils seront très-reconnoissables ; et un homme accoutumé à la dégustation des eaux-de-vie n'y sera jamais trompé.

Le seul et unique moyen, quoiqu'on en dise, pour distiller avantageusement les marcs, tient à un autre procédé. Il faut les noyer dans l'eau, jusqu'à un certain point, les faire fermenter, les porter sur le pressoir, les laisser reposer, les tirer à clair et les distiller.

Aricle VIII.

Des Alambics pour la distillation des lies.

Tous les alambics dont on vient de parler peuvent servir à la distillation des lies.

Leur distillation offre deux grands inconvéniens. Le premier : lorsque l'on donne une chaleur assez forte pour en dégager les parties spitueuses, il se forme une écume considérable qui passe souvent par les jointures et par le bec de l'alambic. Le second vient de la croûte qui s'attache contre les parois de l'alambic, et qui les corrode.

Pour prévenir ces inconvéniens, M. *Devanne*, maître en pharmacie à Besançon, propose une machine assez simple, déjà décrite dans le *Recueil des Mémoires sur la distillation des vins*, publié par la la société d'agriculture de Limoges.

Cette machine est composée d'une crapaudine en fer, attachée au centre du fond de l'alambic. Sur cette crapaudine est appuyé un pivot aussi en fer, qui s'élève jusqu'au dessus du chapiteau de l'alambic, duquel sort la manivelle pour faire tourner ce pivot. A trois pouces de distance de la crapaudine, sont attachés au pivot deux ailes en cuivre ou en bois, dont l'une intérieure est recourbée en contre-bas; et le dessous de l'aile de la supérieure est au niveau du dessous de l'inférieure, et est droit. Le haut du pivot doit être garni de filasse graissée, non seulement pour tourner plus facilement dans la goupille qui est arrêtée au haut du chapiteau, mais encore pour empêcher qu'il ne se dissipe aucune vapeur. La manivelle fournit, par ce moyen, un mouvement suffisant pour prévenir les inconvéniens dont on a parlé, parce que le mouvement porte le fluide visqueux du centre à la circonférence, et de la circonférence au centre.

Un procédé plus simple est celui des vinaigriers de Paris. Ils tiennent les lies qu'ils rassemblent dans de grands vaisseaux bien bouchés, et ces vaisseaux sont placés dans une étuve, de manière que tout le fluide visqueux est peu-à-peu pénétré par la chaleur. Après quelques jours, ils tirent par la cannelle tout le vin clair qui peut couler, et placent ensuite dans des sacs ces lies déjà échauffées.

Ces sacs sont mis sous le pressoir entre deux platines de fer ou de fonte, elles-mêmes fort échauffées; alors le fluide vineux s'échappe à travers la toile ; enfin, il est aussitôt porté dans l'alambic pour être distillé. Le résidu des lies est vendu aux chapeliers, pour feutrer les chapeaux, ou il est brûlé, pour en faire la *cendre gravelée*.

Pour empêcher les lies de monter en écume dans les alambics, il suffit, avant la distillation, de jeter quelques gouttes d'huile dans l'alambic, et de distiller un peu lentement.

Dans les grandes brûleries, il faut avoir un alambic consacré uniquement à la distillation des marcs et des lies, sur-tout si on les travaille à feu nu : trois distillations consécutives de bon vin ne suffiroient pas pour les dépouiller de leur mauvais goût, quoique l'esprit ardent qu'on en retireroit en fût lui-même très-vicié. En général, ce sont des alambics perdus, et qui ne doivent servir qu'à cet usage.

Le fourneau. Je ne cesserai de répéter que la première économie, la plus forte, et qui assure le bénéfice, dépend du fourneau. On brûle très-inutilement une quantité de bois ou de charbon, qu'on pourroit réduire au tiers, si la bouche du fourneau n'étoit pas si rapprochée de celle de la cheminée. Conduisez la chaleur, le feu, et la flamme en spirale, tout autour de la chaudière, si vous vous en servez d'une à forme ronde et profonde ; si , au contraire , la chaudière est plate , large , peu profonde, et très-longue, il suffit que la flamme lèche immédiatement tout son fond : ce dernier expédient ne vaut pas le premier.

Chaque année, avant de recommencer les distillations, visitez soigneusement vos fourneaux et vos alambics, et ne plaignez pas les réparations. S'il existe la plus petite gerçure dans la maçonnerie, on perd une masse de chaleur dont on prive la chaudière ; si l'acide du vin a corrodé une partie de la chaudière, et que le vin qu'elle contient trouve la plus petite issue, on court risque de mettre le feu à la fabrique. Le chapiteau est communément plus attaqué que la chaudière. J'en ai vu de percés comme des écumoires. On a beau boucher ces petits trous, ces issues, avec de l'argile bien corroyée, mêlée avec des cendres, ou simplement avec des cendres mouillées ; cet expédient laisse échapper beaucoup de spiritueux. Cette érosion et cette dissolution du cuivre par l'acide de l'esprit ardent, prouve l'insouciance du brûleur : et combien de parties cuivreuses sont mêlées à l'eau-de-vie, ainsi que de celles de l'étain chargé de plomb, dont on s'étoit servi pour l'étamage ! De là résulte un danger imminent dans l'usage de ces eaux-de-vie. Il devroit y avoir des inspecteurs de brûleries.

La *cheminée* doit parfaitement tirer, sans quoi le feu auroit peu d'activité; il faudroit plus de temps pour distiller une masse de vin donnée, et par conséquent payer plus long-temps les ouvriers. La cheminée sera montée droite dans son intérieur, bien unie, et son ouverture supérieure aura absolument le même diamètre que l'inférieure. C'est une erreur de penser qu'une cheminée montée en pyramide, c'est-à-dire plus large dans œuvre à sa base, et plus étroite à son sommet, tire mieux. L'ouverture de la cheminée sera de même diamètre que celui de la bouche du fourneau : voilà la bonne règle.

Le *serpentin*. La forme actuelle et généralement reçue ne vaut rien. Il le faut du triple et du quadruple plus large dans le haut que dans le bas, et son diamètre doit diminuer insensiblement.

La *pipe* ou *réfrigérant* ne sauroit être trop élevée, trop vaste, sur-tout si on n'emploie pas le rafraîchissoir proposé par M. *Munier*. Un tuyau de décharge, placé dans la partie supérieure de la pipe, et d'un diamètre un peu plus grand que celui du rafraîchissoir, facilitera l'écoulement de l'eau chaude, tandis que l'eau froide, sans cesse renouvelée, restera au fond de la pipe. Il est possible de tirer parti de cette eau chaude, qui, étant plus légère que l'eau froide, monte toujours à la superficie. On peut l'employer à remplir les *ton-*

neaux ou *pièces* destinées à recevoir dans la suite l'eau-de-vie. Cette eau y demeurant pendant plusieurs jours, et y étant renouvelée par une seconde ou une troisième eau chaude, se chargera de la partie extractive et colorante du bois, que se seroit appropriée l'eau-de-vie.

Le *bassiot* ou *récipient* doit être fermé par-dessus, et percé de deux trous, l'un pour recevoir l'esprit ardent, et l'autre pour laisser échapper l'air. Je désirerois qu'à l'ouverture destinée pour recevoir l'eau-de-vie, on pratiquât un petit tuyau en bois, qui iroit jusqu'au fond du bassiot, et ce tuyau seroit percé dans le bas de plusieurs trous, par lesquels l'eau-de-vie se répandroit dans le bassiot, et s'élèveroit insensiblement jusqu'à la partie supérieure. On éviteroit, par ce moyen, l'évaporation d'une quantité d'esprit, sur-tout si le filet qui coule du serpentin n'est pas parfaitement froid. Je désirerois encore que la seconde ouverture fût fermée par une soupape légère et mobile, afin que le bassiot étant trop plein d'air, il pût la soulever au besoin, et qu'elle se refermât ensuite d'elle-même. Tant qu'on distillera suivant la coutume ordinaire, tant que le filet d'eau-de-vie sera chaud, je conseille de se servir du bassiot proposé par M. *Moline*, représenté *planche III*, *figure 6*. La *figure 12*, *planche I*, représente le faux bassiot. Dans quelques endroits, le bassiot plein d'eau-de-vie est appelé *buguet*; on l'enlève pour lui en substituer un autre, et il sert à transporter l'eau-de-vie dans les tonneaux ou pièces.

La *jauge* (*figure* 16 , *planche I*) , instrument de bois, ordinairement d'un pouce en carré, d'une hauteur indéterminée; il est gradué conformément au diamètre et à la hauteur du bassiot. Par exemple, la hauteur d'un pouce correspond à six ou à dix pintes d'esprit ardent contenues dans le bassiot. Lorsque le bassiot n'est percé que d'un seul trou, on plonge la jauge par celui qui reçoit l'eau-de-vie; lorsqu'il y en a deux, on la plonge par l'autre.

Afin d'étalonner exactement cette jauge, on prend un vase qui contienne juste une *verge* ou une *velte* (mots usités dans la fabrique). La verge ou velte contient huit pintes, mesure de Paris; on vide le contenu dans le bassiot , et sur la jauge on marque la hauteur; ainsi de suite. Afin de prévenir la négligence de l'ouvrier, et pour ne pas avoir la peine de jauger sans cesse , on prend un morceau de liège, par exemple, d'un pouce d'épaisseur, sur trois à quatre de largeur; on implante dans le milieu, d'une manière solide, une tige de bois mince et graduée; on la place dans le bassiot, dont le couvercle est mobile ; et à mesure que l'eau-de-vie le remplit, cette jauge s'élève par le trou du bassiot , opposé à celui qui reçoit l'eau-de-vie ; de cette manière l'ouvrier voit sans cesse ce qu'il fait.

La *preuve* ou *éprouvette* (*fig.* 15 , *pl. I* ,) est un petit vase de verre ou de cristal de trois à quatre pouces de longueur, sur six à huit lignes de diamètre intérieurement, qu'on remplit à moitié d'eau de-vie. On bouche son ouverture avec le pouce, et on frappe vivement contre la cuisse avec l'instrument : la manière d'être des bulles qui se forment, leur plus ou moins longue tenue, annoncent à quel titre est l'eau-de-vie ; si l'eau-de-vie qui coule du serpentin est marchande, ou si elle perd, c'est-à dire, si elle est trop chargée de phlegme, ou si elle est à un titre plus haut que celui prescrit par l'ordonnance. Quoique cette manière de juger ne soit pas bien exacte, cependant l'habitude lui donne un degré de précision qui étonne. Il vaut mieux se servir des *aréomètres*. (*Voyez pl. V*).

Une *pelle*, un *tisonnier*, sont les autres instrumens.

SECTION II.

De la meilleure construction de la brûlerie.

LA brûlerie est le local, le bâtiment, qui renferment les objets relatifs à la distillation des vins. Elle doit être placée de la même manière que nous avons indiquée pour les celliers; ils peuvent même en servir, ce sera une économie; puisqu'il ne faudra pas de charrois, ni multiplier les bras, quand il s'agira d'apporter le vin destiné à la distillation. Il y a plusieurs observations très-importantes à faire, avant de bâtir ou d'élever une brûlerie : dans les grands ateliers, point de petite économie.

1°. *L'eau.* Il en faut beaucoup; si on est obligé de s'en pourvoir par charrette ou à dos de mulet, quelle dépense ! comme elle est journellement répétée, elle va très-loin : si on doit la tirer à bras d'un puits, d'une citerne, etc., c'est encore des journées à payer. Il est donc essentiel de s'établir près d'une fontaine ou d'un ruisseau, mais plus bas, afin d'avoir la facilité de conduire l'eau, et qu'elle se rende d'elle-même dans les pipes.

Si on est obligé de puiser l'eau, il est beaucoup plus économique de se servir d'une pompe, que

de

de la tirer à bras. Dans ce cas, je regarde comme
d'une nécessité absolue de construire un réservoir assez grand pour contenir toute l'eau dont
on aura besoin dans la journée, et même au-delà,
et qu'il soit rempli chaque soir avant que les ouvriers quittent la brûlerie; que si on travaille la
nuit et le jour, il doit être rempli soir et matin,
s'il n'est pas d'une grande capacité relativement à
la consommation. J'insiste fortement sur cet article,
parce que, sans cette précaution, on aura toujours
de mauvaise eau-de-vie: l'eau de la pipe sera trop
chaude, et l'eau-de-vie prendra un goût d'empyreume, de brûlé, et souvent de cuivre. Je n'ai presque pas vu une seule brûlerie où je n'aie trouvé
l'eau des pipes bouillante, à moins que le maître
n'y veillât lui-même; au lieu que ce réservoir, étant
à la hauteur des pipes, et l'eau coulant continuellement dans leur fond, chasse l'eau chaude à la
partie supérieure, et maintient froide et très-froide
la base du serpentin; de manière que le filet d'eau-
de-vie qui en sort est froid, l'eau-de-vie est bien
condensée en liqueur, et il ne s'échappe point ou
presque point de l'esprit ardent par l'évaporation.
Lorsqu'on néglige cette opération, il s'en répand
dans l'atmosphère de l'atelier, jusqu'à affecter les
yeux et leur causer de la cuisson. Sur ce fait, je
m'en rapporte à l'impression qu'éprouvent les personnes qui entrent dans ces ateliers, et qui n'ont
pas coutume de les fréquenter. Ainsi, combien

F

d'esprit ardent perdu, tandis qu'un courant d'eau froide l'auroit retenu! Voilà comme, de simples et de petites précautions, résultent la qualité et le bénéfice. Pendant la distillation, il s'échappe un fort courant d'air; et pour peu que le filet d'eau-de-vie soit chaud, et par conséquent mal condensé, ce courant entraîne beaucoup de spiritueux.

2°. *Du vin.* Je suppose qu'on construise un cellier ainsi qu'il a été dit; les cuves serviront de foudres, le vin s'y perfectionnera, et sera conduit par des tuyaux dans l'alambic même; il ne s'agira que d'ouvrir un robinet. Mon but est qu'un seul homme suffise au service de la brûlerie, ou deux tout au plus.

3°. *Des caves.* L'esprit ardent, quoique renfermé exactement dans un vaisseau de bois, dans un tonneau, s'évapore en partie, et par conséquent diminue de titre ou de force, plus particulièrement en été qu'en hiver, à cause de la chaleur. Il est donc essentiel de tenir les eaux-de-vie dans un lieu frais, peu susceptible des variations de l'atmosphère. Alors, étant toujours dans une température presque égale (si la cave est bonne), c'est-à-dire, si elle est un peu profonde, tournée vers le nord, avec double porte, il y aura très-peu de perte d'esprit ardent.

La cave doit donc être placée près de la brûlerie, ou sous la partie de la brûlerie éloignée des fourneaux. On pourroit, absolument parlant, fixer des robinets aux bassiots, qui correspondroient à des tuyaux, et ces tuyaux aux tonneaux ou pièces placées en chantier dans la cave : la fraîcheur du souterrain feroit en grande partie perdre le *goût de feu* contracté par les eaux-de-vie mal fabriquées.

Je conviens que cette manipulation demanderoit beaucoup de vigilance de la part du conducteur de la brûlerie, afin de séparer à temps l'eau-de-vie au-dessus du titre, celle au titre, et celle qui perd. Ce seroit simplement l'affaire de trois robinets à ouvrir et fermer suivant le besoin, dans les tuyaux correspondans aux pièces. On pourroit encore mélanger ces eaux-de-vie, unir les plus fortes aux plus foibles, afin de les rendre marchandes : ce seroit une main-d'œuvre de plus.

Si on désire connoître la brûlerie la plus parfaite qui existe dans le monde entier, je conseille de voir celle que MM. *Argand* frères et citoyens de Genève ont fait construire à Valignac, vis-à-vis Colombiers, la première poste en venant de Montpellier à Nîmes. On ne peut trop louer le zèle de M. de *Joubert* sur tout ce qui concourt au bien de la province de Languedoc. Son patriotisme l'a engagé à appeler MM. *Argand*, l'un né avec le génie de la mécanique, et le second avec celui de la chimie et de la physique. Il est résulté un chef-d'œuvre de leurs travaux, et du zèle de M. *Joubert*. Je suis charmé de trouver cette occasion de leur rendre la justice qu'ils méritent, et de leur témoigner publiquement l'impression agréable que m'a procurée la vue de leur établissement. Il n'existe rien de pareil, de si commode, et de si économique : beaucoup de brûleries sont meublées d'un plus grand nombre d'alambics, j'en conviens ; mais le nombre ne constitue pas la perfection.

Je ne puis donner ici les proportions exactes, mais simplement le résumé de ce que j'ai vu. Qu'on se figure un local à-peu-près de trente-six pieds de longueur sur trente de largeur. Précisément au milieu est placé un massif de maçonnerie carré, lequel contient quatre fourneaux, leurs grilles, leurs cendriers, attendu qu'on ne brûle que du charbon de terre. Sur chaque fourneau est placée une chaudière d'une beaucoup plus grande contenance que celle des chaudières employées dans les fabriques ordinaires. Une seule cheminée dans le centre du massif sert aux quatre fourneaux, et elle s'élève de quelques pieds au-dessus du toit. Ce toit est ouvert sur six à huit pouces tout autour de la cheminée, et cette ouverture est garnie de pièces de bois minces, et disposées comme les rayons d'un abat-jour ; de manière que s'il y avoit de la fumée dans l'appartement, le courant d'air établi autour de la cheminée l'auroit bientôt dissipée. Les rayons, presque en recouvrement les uns sur les autres, empêchent que la fumée des fourneaux qui sort par la cheminée ne puisse en aucune espèce de vent être rabattue dans l'appartement. Avec de semblables précautions, on ne sent aucune odeur de fumée, et pas même l'odeur du charbon fossile qu'on y brûle.

Lorsque la distillation est finie, l'alambic se nettoie de lui-même par le moyen d'un robinet qui permet à la vinasse de s'échapper à l'extérieur de l'appartement par des canaux souterrains, et par conséquent sans odeur ni fumée dans l'intérieur de la brûlerie. Un autre robinet s'ouvre et laisse couler de l'eau propre dans la chaudière, et elle se lave d'elle-même.

Chaque alambic a son serpentin plongé dans une vaste pipe, où l'eau se renouvelle perpétuellement dans le bas, et s'évacue par le haut au moyen d'un petit tuyau qui s'étend à l'extérieur jusqu'au bas de la pipe, et porte l'eau chaude à l'extérieur de l'appartement. Tout y est si bien disposé, que le service s'exécute sans le moindre embarras.

La pièce qui accompagne celle ci a la même largeur, sur douze à quinze pieds de longueur. Elle sert à placer le réservoir à vin, dont la base est un peu plus élevée que la partie supérieure de l'alambic. Au moyen d'un robinet et d'un tuyau de communication de l'un à l'autre, la chaudière se remplit sans qu'il soit nécessaire de déluter le chapiteau.

La largeur de la pièce suivante est égale à celle des deux premières, et peut avoir environ cent pieds de longueur; c'est le magasin des barriques pleines d'eau-de-vie : les portes ménagées de distance en distance facilitent la communication à l'extérieur, sans passer par les deux premières parties; vis-à-vis ces portes, dans l'intérieur et au niveau du sol, sont pratiquées des ouvertures ou trappes de deux pieds de diamètre, fermées par de fortes trappes en bois de chêne, qui s'ouvrent et se ferment à volonté, et leur encadrement est scellé exactement dans le mur. Au milieu de la trappe existe une autre ouverture un peu plus large que celle du bondon des tonneaux ordinaires; elle est encore fermée par un bouchon mobile. On verra tout-à-l'heure leur usage.

Sous ce vaste cellier existe une cave dont un tiers environ est occupé par des foudres en maçonnerie. Chaque foudre correspond à la trappe dont on vient de parler, et s'élève depuis la base de la cave jusqu'au sommet. On dit qu'ils contiennent seize muids, et le muid est composé de six cent soixante-quinze pintes, mesure de Paris. Le fluide d'une pinte pèse deux livres, poids de marc.

Ces foudres sont montés sur des massifs de maçonnerie, et élevés de deux pieds au-dessus du sol de la cave. A la base de chacun est placé un gros robinet de cuivre étamé, et il communique à un tuyau fermé qui règne sur toute la longueur de la place occupée par les foudres. A l'extrémité la plus rapprochée de la brûlerie est un réservoir dans lequel le vin vient se rendre ; et, au moyen d'une pompe, ce vin est porté dans le réservoir établi dans la seconde pièce de l'appartement supérieur.

En dehors des bâtimens et vis-à-vis cette seconde pièce, est établie une pompe et un réservoir pour recevoir l'eau nécessaire aux pipes, au lavage des alambics. La même pompe, par des ajustemens particuliers, élève à volonté ou le vin ou l'eau, suivant le besoin ; et un seul petit âne suffit et au-delà pour le service de la pompe. Lorsque l'un ou l'autre de ces réservoirs est plein, le bruit d'une petite cloche se fait entendre, et l'âne, accoutumé à cette sonnerie, sait qu'il est temps d'aller se reposer.

S'il ne falloit pas transporter les baquets pleins d'eau-de-vie, une seule personne suffiroit au service de cette brûlerie.

A ces avantages économiques de manipulation il faut en ajouter de bien plus grands encore dans la fabrication. Voici ce dont j'ai été témoin :

Le même vin mis dans une des chaudière de MM. *Argand* et dans une de celles d'un particulier voisin ont produit cette différence.

MM. *Argand.*	Le *particulier.*
92 veltes de vin dans une seule chaudière.	5o veltes de vin dans une seule chaudière, et conforme à celles du pays.
44 livres de charbon de terre pour leur distillation.	6o livres de charbon pour leur distillation.
En six heures, on a retiré 18 veltes eau-de-vie preuve de Hollande.	En cinq heures 39 min. on a retiré 5 veltes eau-de-vie preuve de Hollande.
En une heure, on a retiré 4 veltes de phlegme.	En deux heures, on a retiré 5 verges 4 pots de phlegme.

Il a donc fallu cent soixante livres de charbon pour faire les trois chauffes; les deux secondes ne dépensent que cinquante livres.

On a retiré de trois chauffes, en bonne eau-de-vie, quinze veltes, et en repasse, quinze veltes et trois cinquièmes.

La distillation de MM. *Argand*, depuis que le feu a été allumé, a duré sept heures; chez le voisin, sept heures trente-neuf minutes: mais, si on eût fait trois distillations de suite, pour être au pair de celle de MM. *Argand* en sept heures trente-neuf minutes, elle auroit duré environ vingt-trois heures : cependant, dans la pratique générale, on ne fait que deux chauffes de trente veltes dans les vingt-quatre heures.

A trois distillations, il y auroit donc eu une économie de cent seize livres de charbon. Celle du temps n'est pas moins importante : car, pour retirer l'eau-de-vie première ou preuve de Hollande, il faut trente-six heures pour trois chauffes, et MM. *Argand* n'ont employé que sept heures à compléter une distillation de quatre-vingt-dix veltes ; par conséquent il y a vingt-neuf heures de temps gagnées.

La construction des chaudières de ces messieurs donne lieu à une plus grande distillation d'eau-de-vie preuve de Hollande : ainsi la dépense pour réduire les phlegmes en bonne eau-de-vie est beaucoup moindre que celle occasionnée par la réduction de ces mêmes phlegmes dans les brûleries ordinaires, puisque ces messieurs n'ont eu que quatre veltes de phlegme ; et le voisin en avoit eu seize veltes trois cinquièmes de la même quantité de vin, provenant de trois chauffes.

J'ai eu le plaisir de voir travailler quatre alambics tous à-la-fois ; l'un chargé de vin ; le second d'eau-de-vie pour être convertie en esprit ; le troisième chargé de vin de marc, et le quatrième de lies : les mêmes avantages, la même supériorité se sont manifestés, et l'économie du bois a été prodigieuse pour la distillation du marc. Rarement on distille les lies en Languedoc; le produit est trop mince et le bois est trop cher. Le prix des eaux de marc est presque toujours d'un quart et même d'un tiers au-dessous de celui des eaux-de-vie du commerce, à cause du mauvais goût; et celle obtenue par MM. *Argand*, étoit au pair de l'eau-de-vie marchande.

On sait, que dans la distillation des esprits on est forcé, dans la crainte des accidens, de ménager le feu, et de le conduire avec la plus grande précaution, de manière que le filet qui coule par le serpentin soit extrémement petit. Un ouvrier poussa un peu trop le feu, et le filet sorti de la grosseur du petit doigt; alors un bruit singulier, et semblable au sifflement occasionné sur une corne creuse, se fit entendre, et avertit l'ouvrier de son imprudence. Mon étonnement fut extrême, lorsque je vis une espèce de soupape qui l'occasionnoit, et qui étoit placée à dessein, afin d'avertir l'ouvrier lorsqu'il y a trop de feu; elle existe sur les quatre alambics. Le mécanisme qui la fait jouer n'est pas visible.

Je ne puis me refuser au plaisir de décrire l'opération de la conversion de l'eau-de-vie, preuve de Hollande en trois-cinq, afin que chacun puisse juger par comparaison.

La chaudière a été chargée de quatre-vingts veltes de cette eau-de-vie; on pesa cent six livres de charbon, et le feu fut mis à neuf heures du matin.

A neuf heures vingt-cinq minutes l'esprit a commencé à couler très-rapidement.

A midi, on a retiré un buguet, dont l'esprit étoit à trente degrés et demi à l'aréomètre de *Périca* ou de *Baumé*.

A une heure vingt une minutes, un second buguet, qui avoit remplacé le premier, a été retiré plein d'un esprit à trente degrés et un quart du même aréomètre.

A trois heures on a retiré un autre buguet plein d'un esprit au titre de vingt-huit degrés et demi.

A cinq heures, un autre buguet, au titre de vingt-huit degrés.

A huit heures quinze minutes, un autre buguet au titre de vingt-six degrés et demi.

A onze heures, un autre buguet, au titre de vingt-quatre degrés.

A une heure et demie après minuit, un autre buguet, au titre de dix-sept degrés et demi.

Il a resté seize pintes du dernier phlegme, et il s'est consommé cent et une livres de charbon.

Le produit total a été de soixante-deux veltes et trois cinquièmes, qui ont donné la preuve du trois-cinq à l'aréomètre de *Bories* et de *Baumé*.

Il faudroit environ trois cents livres de charbon pour obtenir la même quantité de trois-cinq dans les brûleries ordinaires, et on y passe trois à quatre jours à distiller de quoi remplir une pièce de soixante-quinze veltes.

Ce que j'ai dit est un simple aperçu de cet utile établissement; mais c'est assez, pour que ceux qui s'occupent de la distillation en sentent tout le mérite.

Il y a encore un point important dont je n'ai pas parlé : les chaudières, les chapiteaux, les serpentins, en un mot, toute partie cuivreuse employée dans cette brûlerie est *étamée*. Ce mot ne rend pas la chose ; elle est doublée d'une composition dont MM. *Argand* font un secret : elle est inattaquable par l'acide du vin, conserve extrêmement les vaisseaux, et on ne craint pas l'érosion du cuivre ni sa décomposition, qui le change en vert-de-gris. Ce secret mériteroit d'être acheté par le gouvernement, et rendu public.

Je finis par répéter qu'à mon avis cet établissement est un chef-d'œuvre dans tous les genres.

SECTION III

Du choix des vins destinés à la distillation.

LORSQUE le vin a un débit assuré et à un bon prix ; il est inutile de le distiller : on doit laisser cette branche de commerce aux départemens qui en regorgent, soit par l'immense quantité de vignes qu'ils possèdent, soit par le manque de débouchés, soit enfin à cause de son trop bas prix. Avant d'établir une brûlerie, il est prudent de s'assurer, par des expériences faites en petit, combien, d'une mesure déterminée de vin, il est possible de retirer d'eau-devie au titre, et de celle au-dessous. Alors, calculant les frais et le produit en esprit ardent, on les compare avec le prix courant du vin pendant les dix années antérieures, et dont on prend le terme moyen ; et on observe si, dans ces dix années, on étoit en guerre ou en paix. D'après un faux calcul en débutant, on se ruine. Si les uns et les autres sont au pair, il est inutile de se donner la peine de distiller. Si le bénéfice excède réellement, et que le prix des vins soit, chaque année, à peu de chose près, le même, on ne risque rien d'établir une brûlerie. Il faut travailler en grand, si on veut gagner.

Il est bien démontré que la seule substance sucrée est susceptible de fermenter et de produire
un vin quelconque. Ainsi, tant que cette partie
sucrée n'est pas entièrement combinée, c'est-à-
dire, tant que le goût doux et liquoreux est bien
sensible dans le vin, tout l'esprit ardent qu'il peut
donner n'est pas encore formé. Il est étonnant
qu'un célèbre chimiste de Paris, qui a reconnu
le premier ces principes, ait dit ensuite :

» Les vins qu'on destine à être convertis en eau-
» de-vie doivent être distillés six semaines ou deux
» mois après la fermentation complète, sans at-
» tendre *qu'ils soient éclaircis*. Ils fournissent,
» dans cet état beaucoup plus d'esprit-de-vin
» qu'au bout de l'année ». Ce passage exige des
réflexions, parce qu'il tire à grande conséquence.

1°. Je suppose un vin bien fait, qui n'ait ni
trop ni trop peu cuvé, dont le chapeau de la
cuve n'ait point été dérangé pendant la *fermentation*, dont le raisin ait été vendangé par un temps
convenable ; et je dis, 1°. que ce vin donnera plus
d'esprit ardent à la fin de mars qu'à Noël, sur-
tout si le vaisseau qui le contient est renfermé dans
une bonne cave.

2°. Que si, depuis Noël jusqu'au mois d'avril,
on l'a tenu dans un lieu trop chaud et dans de

petits tonneaux, il donnera moins d'esprit ardent qu'à la première époque. Dans le premier cas, l'esprit ardent se crée toujours par la fermentation insensible qui succède à la tumultueuse ; dans le second, cette fermentation insensible est trop accélérée, et une grande partie de la substance spiritueuse s'évapore à travers les pores du vaisseau. Que l'on débouche l'une et l'autre barrique, et l'on verra, quoique de contenances égales, qu'il manque beaucoup plus de vin dans la seconde que dans la première. Or, il a déjà été dit que l'esprit ardent s'évapore beaucoup plus facilement que l'eau, au même degré de chaleur : il n'est donc pas surprenant qu'à la distillation de la seconde barrique on retire moins d'esprit ardent, même en faisant abstraction de la différence de quantité en vin ; ainsi cette soustraction dépend de la circonstance et non du temps.

J'établis une proposition générale ; je dis que le même vin contient plus de spiritueux au commencement d'avril qu'à Noël, fondé sur les expériences journalières des grandes brûleries. Cette proposition exige actuellement des modifications. Il existe des vins de si petite qualité, dont l'enchaînement des principes est si lâche, dont les principes même sont si mal combinés, et si peu disposés à l'être, qu'il est plus avantageux de les distiller à Noël que plus tard ; c'est sans doute de ceux-là que ce chimiste a voulu parler : s'il s'agit des vins de Languedoc, de Provence, etc., ils acquièrent pendant l'hiver ; et on fera très-bien de ne les brûler qu'en mars ou en avril, et même à la fin de l'année, si on les a conservés dans des foudres ou dans une bonne cave, et en plus grande masse possible. On est obligé, dans les grandes brûleries, de commencer plutôt, afin d'avoir fini les distillations avant les grandes chaleurs, parce que dans l'été les vins perdent trop de spiritueux, sur-tout lorsqu'on ne les tient pas dans des caves excellentes, mais, suivant la coutume, dans des celliers : d'ailleurs on est obligé de brûler, à mesure qu'on achète du vin. Heureux sera celui qui pourra acheter la vendange en nature, et qui sera assez riche pour en acheter une grande quantité !

En mars ou au commencement d'avril, c'est-à-dire au renouvellement de la chaleur, suivant le climat, il s'établit une nouvelle fermentation ; l'insensible cesse, et celle qui lui succède est plus active ; le gaz acide carbonique cherche à se dégager ; enfin le vin travaille : cette opération de la nature le bonifie, le rend vineux, agréable, recombine ses principes, et cette agitation fait évaporer plus ou moins de spiritueux, suivant les circonstances. Le point essentiel est donc de prévenir cette époque, à moins qu'on ait des foudres cons-

truits

truits en maçonnerie , et placés dans de bonnes caves; alors l'évaporation du spiritueux est presque nulle, et le vin gagne en esprit pendant toute l'année. Cette expérience est décisive dans la brûlerie établie par MM. *Argand* ; et on ne doit pas se hâter de conclure sur de simples apperçus, que six semaines ou deux mois après la fermentation complète, le vin est aussi chargé de spiritueux qu'il peut en acquérir. J'ose affirmer le contraire, si on a eu le soin de conserver le vin, ainsi qu'il l'exige, et de la manière suivie par un brûleur intelligent. L'expérience journalière prouve, malgré l'assertion du chimiste dont on parle , 1°. qu'un vin de deux , de six mois, donne moins d'esprit ardent qu'un vin d'un an ; 2°. que de celui de deux ou de six mois, on retire moins d'*eau-de-vie première* , et beaucoup plus de *repasse*, que de celui d'un an ; 3°. que l'eau-de-vie est plus âcre, plus colorée, plus sujette à l'empyreume, au coup de feu, que celle du dernier. Il est donc prudent d'attendre, si on a de bonnes caves, et sur-tout si le vin est généreux.

La transparence, la limpidité du vin sont encore des conditions essentielles. Tout vin bien fait, à moins qu'il ne soit de sa nature sirupeux, comme les vins muscats, les blanquettes, etc., est toujours *éclairci* deux mois après qu'il a été tiré de la cuve. Si on excepte les vins sirupeux , tous les autres sont en état d'être *soutirés* à Noël, et je conseille cette époque pour le premier *soutirage*, sur-tout si le temps est froid. Il faut donc que le chimiste ait opéré sur des vins faits à Paris, ou sur des vins sirupeux, puisqu'ils n'étoient pas éclaircis deux mois après. Dans les grandes brûleries, on distille rarement de tels vins, parce qu'ils ont un débit assuré; on les recherche à cause de leur liqueur; mais si on les brûle, l'esprit qui en provient est d'une qualité inférieure, je ne dis pas quant au titre, mais pour le goût: leur prix est bien au-dessous de celui des premières.

Pourquoi les eaux-de-vie de Languedoc, de Provence, ont-elles presque toujours de l'acrimonie, tandis que celles de Saintonge, de l'Angoumois, de l'Aunis, etc., sont plus amiables, quoique la manière de distiller soit parfaitement la même, et que tous les alambics, en général, ainsi que leurs serpentins, soient aussi chargés de vert-de-gris que ceux des provinces méridionales? Deux objets causent cette différence. A l'occident de la France, on ne distille presque que des vins blancs et aqueux; et au midi, des vins rouges très-foncés en couleur, et qui ont trop fermenté. Le raisin blanc n'a presque point de partie colorante, il ne fermente pas avec la grappe comme le vin rouge; d'ailleurs, les vins blancs sont moins tartareux. Or, si cette partie colorante, sur la-

quelle la chaleur agit dans l'alambic, qui est dis-
soute par l'esprit, et qui se combine avec lui,
donne un goût âcre à l'eau-de-vie, il résulte donc,
par comparaison, que le vin non *éclairci* doit
augmenter ce goût, et ajouter celui de *brûlé*,
puisque ce qui le rend trouble est la lie et le
tartre qui ne sont pas précipités, etc.

Autant qu'il sera possible, ne distillez donc que
des vins clairs. A cet effet, établissez un réservoir bien clos, bien fermé, semblable à celui dont
il a été question. Dans le milieu de sa hauteur,
établissez un double fond percé de trous, de la
largeur d'un pouce; couvrez ce fond d'une étoffe
serrée, épaisse, et en laine; chargez-la de quelques pouces de sable bien pur et bien lavé, afin
d'en séparer la terre : remplissez-le alors de vin ;
il filtrera à travers le sable, et sera très-clair dans
la partie inférieure du réservoir. Cette opération
n'exige aucune dépense de plus, et ne dérange
pas les ouvriers ; pendant qu'une distillation s'exécute, le réservoir se remplit. La seule dépense
une fois faite consiste donc à lui donner plus de
hauteur et plus de largeur qu'aux précédens. Les
brûleurs qui tendent à la quantité seule, traite-
ront cette précaution de minutieuse. Ils sont très-
fort les maîtres de faire de mauvaises eaux-de-vie :
je ne le vois pas du même œil.

J'ai dit que la qualité des eaux-de-vie de l'Aunis
et de l'Angoumois étoit supérieure, à tous égards

à celles des provinces méridionales, et que cette qualité ne dépendoit pas de la manipulation. Elle tient essentiellement un peu des parties colorantes, tartareuses et mucilagineuses de ces vins, étendues dans une grande masse de fluide aqueux. Il arrive souvent, dans ces provinces, qu'on distille jusqu'à six, sept, et même huit pièces de vin, pour en avoir une d'eau-de-vie marchande; tandis qu'au midi de la France, souvent trois ou quatre suffisent. Il y a donc dans ces vins beaucoup moins de phlegme, plus de parties colorantes, etc. sur lesquelles le feu et l'esprit ont plus d'action pendant la distillation, et qui réagissent ensuite sur ce même esprit et sur l'huile du vin : au lieu que, dans les premières, le phlegme plus abondant empêche ces actions et réactions. Je conviens que leur distillation est plus coûteuse; mais le haut prix de leurs eaux-de-vie ne dédommage-t-il pas de l'excédant de dépense en bois et en main-d'œuvre ?

Les vins de nos provinces du midi sont infiniment plus tartareux que ceux de nos provinces d'occident, et par-tout les vins blancs le sont moins que les vins rouges. On sait qu'il faut une grande quantité d'eau pour dissoudre le tartre, et que le vin ne contient que la juste quantité de ce fluide aqueux pour tenir tout son tartre en dissolution complète. On concevra donc aisément que, par la

distillation, outre l'esprit ardent proprement dit,
on sépare encore une partie égale du véhicule
aqueux. Or, dans cette circonstance, le tartre,
d'une gravité spécifiquement plus pesante que la
vinasse, se précipite au fond de l'alambic, où il
s'accumule, et se brûle plus ou moins, malgré le
mouvement d'ébullition ; ainsi, plus un vin est
tartareux, plus l'eau de-vie qu'on en retire est
âcre ; et voilà un effet qui a établi la différence de
qualité des eaux-de-vie de nos diverses provinces.

La manière de faire les vins destinés à la brûlerie, ou ceux pour la boisson, est bien différente.
1°. Les vins qui abondent le plus en esprit ardent
sont les meilleurs quant aux produits, et non quant
à la qualité. 2°. Les vins qui ont un goût décidé
de terroir le communiquent à l'eau de-vie. 3°. Les
vins rouges, ainsi qu'on vient de le dire, donnent
une eau-de-vie moins suave, moins amiable que
les blancs. 4°. Les uns et les autres qui ont fermenté *en grande masse* dans la cuve fournissent
plus d'esprit. 5° Ceux dont la fermentation de la
cuve a été trop long-temps continuée sont plus
chargés de parties colorantes, et produisent moins
d'esprit que ceux qui ont cuvé moins long-temps,
toutes circonstances égales. 6° Les vins tenus dans
des tonneaux trop long-temps débouchés sont dans
le même cas, ou s'ils sont gardés, avant de les brûler, dans des celliers trop chauds. 7°. Dans les au-

nées pluvieuses et froides, les vins fournissent moins d'eau-de-vie, et elle est de meilleure qualité; ceux des années chaudes et sèches sont plus spiritueux, et l'eau-de-vie moins agréable. 8° Si les vins sont doux et sirupeux, il convient de les allonger avec une suffisante quantité d'eau, afin de détruire leur lien d'adhésion. 9°. Si l'on prévoit, lors de la vendange, que le vin soit trop aqueux, c'est le cas d'ajouter dans la cuve une quantité proportionnée ou de miel commun et pur, ou de cassonade, afin que ces parties sucrées s'unissant augmentent celles de la masse, et qu'aidées par la fermentation, elles travaillent ensemble à créer du spiritueux, puisque l'esprit est produit par la seule partie sucrée .10°. Tout vin éventé, qui a une tendance à l'acide, ou devenu acide par l'absorption de l'air atmosphérique, donne beaucoup moins d'eau-de-vie, suivant le degré d'acidité qu'il possède. On doit ne pas confondre ce genre d'acidité avec celui du raisin qui n'est pas mûr; les principes sont bien différens. Dans le second cas, l'acide n'est pas masqué par le développement de la partie sucrée; et dans l'autre, ce premier acide est, pour ainsi dire, à nu, et augmenté par l'absorption de celui de l'air de l'atmosphère.

Il reste encore une question à examiner. *Les vins blancs*, toutes circonstances égales, *fournissent-ils plus d'esprit ardent que les vins rouges?* Oui en général. Cette décision exige des modifications. 1°. Telle espèce de raisin blanc ne peut être comparée à telle autre espèce de blanc, relativement à la quantité d'esprit ardent. La *folle* cultivée en Angoumois, en Saintonge, le *chasselas* de Paris, etc. contiennent moins de spiritueux que le *vionier* de Côte-Rotie, ou le *meûnier* des environs de Paris, parce que ces raisins renferment moins de parties sucrées, et que cette portion sucrée, qui seule fournit l'esprit, est étendue dans beaucoup plus d'eau. La comparaison de raisins blancs à d'autres raisins blancs s'étend également à la qualité de telle espèce blanche à telle espèce rouge. Il est donc clair que toute décision générale et tranchante en ce genre est abusive. Comme on fait de très-bon vin blanc avec du raisin rouge, le vrai point à démontrer dans cette question est: *telle espèce de raisin blanc, mise à fermenter comme on le pratique à l'égard du vin rouge, donne-t-elle autant d'esprit ardent, que si le vin blanc qui en provient a été fait à la manière accoutumée?* Quoique la solution de ce problême soit simple, elle exige encore une distinction. Le vin placé dans des vaisseaux de deux à trois cents pintes, mesure de Paris, sera moins spiritueux que celui des vaisseaux de six cents pintes, et celui-ci moins que le vin blanc des vaisseaux contenant mille ou deux milles pintes, et ainsi en suivant l'ordre des proportions. 1°. L'épaisseur des bois ou de la maçonnerie des grands vaisseaux s'oppose à l'évaporation de l'esprit. 2°. La fermentation y est plus complète, et la partie sucrée mieux convertie en esprit. 3°. Moins le vaisseau aura resté long-temps débouché, et plus il conservera de spiritueux. 4°. Si la cuve est presque aussi large dans le haut que dans le bas, et qu'elle soit découverte, il est visible que pendant la fermentation il s'échappera beaucoup d'esprit entraîné par le courant de gaz acide carbonique; mais si ces grandes cuves sont construites comme celles de l'Aunis et de l'Angoumois, c'est-à-dire, si ce sont de très grands vaisseaux servant tout-à-la-fois de cuves et de foudres, il y aura beaucoup plus d'esprit dans ce dernier cas. Une trappe d'un à deux pieds en carré est la seule partie découverte; et comme elle s'ouvre ou se ferme à volonté, au moyen d'une coulisse, on est maître de laisser l'ouverture plus ou moins grande, suivant la vigueur de la fermentation. Le vin blanc, dans ce cas, éprouve la même action que les vins rouges dans la cuve ordinaire; mais il perd très-peu de spiritueux.

Il est donc décidé, 1°. que le raisin blanc ne contient pas en lui-même plus d'esprit ardent que le raisin rouge, chacun suivant son espèce; 2°. que la qualité de l'espèce de raisin une fois reconnue et admise donne plus ou moins d'esprit, suivant la manière dont on la fait fermenter ; 3°. que plus elle fermentera en grande masse, plus elle produira de spiritueux.

Dans tous les cas quelconques, le vin *forcé*, soit blanc, soit rouge, renferme plus d'esprit que les vins fabriqués de toute autre manière.

SECTION IV.

Des différentes espèces de Distillation

ARTICLE PREMIER.

De la Distillation des Eaux-de-vie du commerce

LA grandeur des chaudières varie suivant les provinces: on ne peut donc pas fixer le nombre de veltes dont elles doivent être chargées. Plus elles auront de surface, plus la distillation sera rapide, parce qu'elle s'exécute par évaporation, et l'évaporation n'a lieu que par les surfaces. Plus la distillation sera longue, et plus l'eau-de-vie sera colorée et contractera de mauvais goût.

Pendant la distillation, le vin bout fortement dans la chaudière, et occupe un plus grande espace; de manière que si elle est trop remplie, les bouillons monteront au-dessus de la chaudière on ne craindra rien si on laisse sept à huit pouces de vide. Il est aisé de reconnoître si la chaudière est chargée convenablement, lorsqu'elle est découverte, c'est-à-dire lorsqu'elle n'est pas garnie de son chapeau. Dans le cas contraire, on fait entrer dans une douille ménagée sur la chaudière une jauge qui plonge jusqu'au fond; en la retirant, on connoît la hauteur du vin; s'il y en a trop, on ouvre le robinet par lequel la vinasse s'écoule, et on ne laisse que la quantité de vin suffisante, ou bien on se sert d'un siphon ; lorsqu'elle est au point, on bouche exactement cette ouverture, et on la lutte. Plus le vin est nouveau, plus il exige d'espace entre sa surface et le col de l'alambic, parce qu'il contient infiniment plus d'air que le vin vieux, et que ses bouillons en sont plus considérables.

Dans plusieurs pays, on ne *coiffe* la chaudière avec son chapeau, que lorsque le vin commence à être bouillant : cette manipulation est défectueuse. Jusqu'à ce moment, la partie qui s'évapore est très-phlegmatique, j'en conviens, il se dégage une grande quantité d'air : mais cet air et ce phlegme entraînent avec eux beaucoup de spiritueux.

Dès que la chaudière est coiffée d'une manière ou d'une autre, il est de la plus grande importance de garnir le fourneau avec du bois le plus combustible, afin d'exciter promptement un très-grand feu, de mettre la chaudière *en train*, en un mot, de donner au vin ce qu'on appelle le *coup de feu*. En le négligeant, ou en modérant trop le feu, on pourroit ne retirer presque que du phlegme, et la partie spiritueuse se combineroit en pure perte avec ce qui resteroit dans la chaudière. Ce point de fait me porta jadis à penser, avec plusieurs chimistes, que l'esprit ardent se formoit pendant la distillation. Je reconnois mon erreur, et je dis qu'il est bien démontré que l'esprit est tout formé dans le vin, et que le coup de feu sert seulement à le séparer et à le désunir du mucilage qui le masquoit, et à faire obtenir une grande quantité d'esprit ardent.

Aussitôt après avoir mis le feu sous la chaudière, et même avant, on adapte et on lute la queue du chapiteau au serpentin ; la pipe est remplie d'eau, et le bassiot est placé au bas du serpentin, afin de recevoir l'eau-de-vie qui va couler. Il faut presser le feu jusqu'à ce que la vapeur qui sort du vin, et qui monte au fond du chapiteau, commence à entrer dans le serpentin, et qu'elle soit prête à couler, ce que l'on connoît en appliquant la main sur la naissance du serpentin, c'est-à-dire, sur l'endroit où il s'emboîte et se réunit à la queue du chapiteau. La chaleur de cette partie prouve qu'une quantité suffisante de vapeurs est déjà passée, puisqu'elle est échauffée.

Au bois sec et menu on supplée alors par de gros bois, de manière à remplir le fourneau, et

qu'il y en ait assez pour en retirer toute la bonne
eau-de-vie ; on laisse un vide entre les pièces de
bois , afin d'attirer dans le fourneau un courant
d'air capable d'entretenir l'ignition : après cela ,
on ferme la porte du fourneau. Lorsque le bois
est consumé et réduit en braise, on pousse la
tirette, *fig.* 14 , et NN , *pl. I* , afin de fermer
la cheminée , et de retenir sous la chaudière , et
dans le fourneau , toute la chaleur. Il est impossible de prescrire de quelle quantité de bois le
fourneau doit être chargé ; elle dépend beaucoup
de sa qualité et de son plus ou moins de siccité :
mais l'ouvrier accoutumé à ce travail ne se trompe
jamais ou très-rarement il augmente ou diminue
l'activité du feu , par le moyen de la soupape ou tirette d'où dépend le plus ou moins grand courant
d'air.

Dans les premiers instans de la distillation , il
sort par le bec inférieur du serpentin une grande
quantité d'air , ensuite du phlegme un peu chargé
d'esprit , enfin l'eau-de-vie. Si le filet qui paroît
est trop considérable , il convient de diminuer le
feu ; s'il est trop foible , il faut l'augmenter , ou
par l'addition du bois, ou par un meilleur arran-
gement de celui qui est déjà dans le fourneau :
on observera cependant que plus le courant d'eau-
de-vie est fin , meilleure elle est. Si le courant
bronze , c'est-à-dire s'il est gros et trouble , c'est
une preuve que le vin bouillonnant passe de la

chaudière dans le serpentin. Il est de la dernière importance d'y remédier aussitôt, sans quoi le chapeau seroit détaché de la chaudière par la force d'expansion de l'air et des vapeurs, et on courroit le péril très-imminent de mettre le feu à l'atelier : cet exemple n'est pas rare. Dans le cas du *bronze*, il faut se hâter de mouiller à grande eau le chapeau, et, ce qui vaut encore mieux, de jeter de l'eau sur le feu sans perdre de temps.

Après le phlegme, la première eau-de-vie qui paroît est au plus haut titre, et de temps en temps on examine ce titre, soit par l'éprouvette ou preuve, soit avec un aréomètre.

Si on désire avoir séparément l'eau-de-vie forte, on enlève le bassiot et on le supplée par un nouveau ; dès qu'elle commence à perdre, c'est-à-dire, qu'il coule de l'eau-de-vie *seconde*, on appelle cette opération *couper à la serpentine* : cette seconde eau-de-vie est mise à part ; on la tire jusqu'à la fin ; elle forme la *repasse* ou eau-de-vie très-phlegmatique, qui ne peut entrer dans le commerce. Il faut nécessairement une nouvelle *chauffe*, ou distillation, afin de ne pas perdre l'esprit ardent noyé dans le phlegme.

Afin de s'assurer qu'il ne reste plus d'esprit dans l'eau qui continue à distiller, on reçoit de cette eau dans un vase, et on la jette sur le chapeau brûlant de la chaudière ; alors, en présentant une lumière à l'endroit où ce fluide s'évapore, s'il se manifeste une petite lumière bleuâtre, c'est une preuve qu'il reste de l'esprit ; l'absence de la lumière annonce le phlegme simple. On peut encore goûter le fluide qui distille, et l'impression qu'il cause sur la langue fournit une règle aussi sûre.

Lorsque l'esprit ne vient plus, on ouvre le robinet de décharge, la vinasse s'écoule, et avec de nouvelle eau on lave exactement la chaudière.

Lorsque la partie qui recouvre la chaudière n'est pas garnie d'une douille, il faut absolument déluter son chapeau afin de laver l'intérieur ; la douille évite cet embarras : on passe par son ouverture ordinairement de 2 à 3 pouces de diamètre, un manche de bois, au bas duquel sont attachés des chiffons ; et, par un mouvement dans tous les sens de la chaudière, ces chiffons frottent ses parois, et, à l'aide de l'eau nouvellement introduite, ils détachent le limon et les parties étrangères, qui sont entraînées lorsqu'on ouvre le robinet de la décharge. Les brûleurs vigilans répètent ce lavage jusqu'à deux ou trois fois, ou plutôt jusqu'à ce que la nouvelle eau sorte aussi claire qu'on l'a mise dans la chaudière. Les brûleurs qui font tout à la hâte se contentent d'expulser la vinasse, et chargent aussitôt la chaudière avec du vin. On ne doit plus être étonné si ces eaux-de-vie ont un goût de *feu* et de *brûlé*; deux goûts très-différens.

La distillation une fois commencée n'est plus interrompue, et se continue souvent pendant la nuit. Défendez à vos ouvriers d'approcher aucune lumière près du bassiot ni du bas du serpentin, ou plutôt, mettez-les dans l'impossibilité d'avoir des lumières à la main; à cet effet, fixez d'une manière invariable contre les murs de la brûlerie des lampes, et que, pour les allumer, il faille monter sur une échelle, ou bien les faire descendre avec une poulie. Lorsqu'elles seront remontées, fermez à clef l'espèce de boite qui contient le bas de la corde. J'insiste sur cette précaution, parce que j'ai vu une brûlerie réduite en cendres uniquement pour avoir laissé la lumière à la disposition des ouvriers.

J'ai déjà dit que, pour peu que le filet sorte chaud du serpentin, le courant d'air entraîne avec lui et volatilise beaucoup de spiritueux. En approchant une lumière de cette atmosphère, il s'enflamme, enflamme l'esprit du bassiot, et il est très-rare qu'on parvienne à éteindre cette flamme.

Suivant la qualité des vins, on retire plus ou moins d'eau-de-vie *première*. En Angoumois, par exemple, une chaudière chargée de trente veltes, comme en Languedoc, donne depuis vingt-quatre jusqu'à vingt-six pintes d'eau-de-vie *première*, et depuis trente jusqu'à quarante pintes d'eau-de-vie *seconde*. En Languedoc, au contraire, on retire cinq veltes ou quarante pintes, mesure de Paris, de la même eau-de-vie. La *seconde*, est dans les mêmes proportions.

Ces différens titres d'eau-de-vie ont souvent mis les marchands dans la possibilité de tromper les acheteurs, soit nationaux, soit étrangers. Les plaintes portées au Gouvernement l'ont engagé à faire des lois relatives à cette branche de commerce. Par un arrêt du Conseil du 10 avril 1753, il est ordonné que les eaux-de-vie seront *tirées au quart, la garniture comprise*, c'est-à-dire que, sur seize pots d'eau-de-vie forte, il n'y aura que quatre pots de seconde. Le fabricant sait, à très-peu de chose près, combien trente veltes de vin doivent donner d'eau-de-vie première et seconde : il sait encore, par le moyen de sa jauge, combien de veltes contiennent les bassiots dont il se sert. Lorsqu'il voit à-peu-près que l'eau-de-vie forte est prête à perdre, il jauge son bassiot ; et lorsqu'il trouve vingt mesures d'eau-de-vie forte, il laisse couler dans le même bassiot cinq mesures d'eau-de-vie seconde : ces vingt-cinq mesures sont ce qu'on appelle *lever au quart*. L'eau-de-vie qui vient après est mise de côté pour la repasse. La première manière d'opérer est appelée *brûler à chauffe simple* ; et à *chauffe double* ou *triple*, lorsque l'on distille de nouveau cette eau-de-vie, soit seule, soit en la mêlant avec

du

du vin, de manière à garantir la chaudière. Toute
eau-de-vie à chauffe simple conserve toujours de
l'acrimonie, et elle la perd successivement par
de nouvelles distillations ou nouvelles chauffes :
on en fait autant pour les repasses, ou bien on les
rassemble toutes pour une chauffe séparée.

Des contestations avoient déjà nécessité un autre
arrêt du conseil du 17 avril 1743, relativement
aux barriques. On expédioit, par exemple, de Cette
ou de la Rochelle, de l'eau-de-vie réellement au
titre ; et lorsqu'elle arrivoit en Hollande, son titre
étoit beaucoup inférieur, sans qu'il y eût de la faute
du marchand. L'expérience journalière prouve
que la masse du vin diminue chaque jour dans les
futailles, et beaucoup plus en été qu'en hiver. J'en
ai déjà dit la cause. À plus forte raison, l'esprit
devoit s'évaporer, et par conséquent l'eau-de-vie
ne pouvoit plus être au titre : la qualité du bois
contribuoit singulièrement à cette évaporation. En
Languedoc, on employoit les douves de bois de
châtaignier, de mûrier, etc., parce que le chêne
y est très-rare et fort cher. La diversité des pores
de ce bois nécessitoit la diversité d'évaporation.
Le roi avoit ordonné, 1°. que toutes les futailles
ou pièces seroient construites en bois de chêne, et
que chaque pièce seroit exactement construite sur
un même modèle, afin que leur contenance étant
égale, il n'y eût plus de difficulté. Les tonneliers

ont été astreints à imprimer leur nom avec une marque de feu , et ils répondent de leur travail. Malgré ces précautions , le tonnelier peut encore tromper , à volonté , ou le vendeur ou l'acheteur , suivant la manière dont l'intérieur des bois est débité : on en a vu d'assez malhonnêtes pour se prêter à de pareilles friponneries ; une légère rétribution les éblouissoit , et quelquefois les séduit encore : une douve ou *douille* , plus épaisse que sa voisine , fait le bénéfice du vendeur , et le bénéfice augmente en raison du nombre de ces douves. Pour aider leur courbure , lorsque l'on fabrique la futaille , on suit dans plusieurs endroits la coutume d'enlever dans le milieu de la douve , et dans sa partie intérieure , une portion de bois , afin de l'amincir. Plus on en supprime , et plus l'acheteur gagne. Souvent les douves du bas de la pièce sont plus amincies que les supérieures : la jauge entre plus profondément , et l'acheteur perd.

Dans les provinces , au contraire , où l'on serre les douves avec le tourniquet , le milieu est plus épais que dans les deux extrémités ; mais comme tout le bois est dolé des deux côtés , les friponneries sont plus difficiles à exécuter que lorsque le bois ne l'est pas. Il me paroît essentiel qu'un règlement de police force les tonneliers à n'employer aucune douve sans être dolée ; alors la futaille sera aussi unie au-dedans qu'au-dehors , et on éviteroit par-là ces petits tours de main qui déshonorent.

ARTICLE II.

De la distillation de l'esprit-de-vin.

Il est très-avantageux aux propriétaires de convertir les eaux-de-vie en esprit, et aux acheteurs de préférer celui-ci. 1°. Il faut moins de futailles. 2°. Sous un plus petit volume, le prix est augmenté. 3°. Les frais de transport sont moins considérables. 4°. La liqueur est plus fine, moins âcre, plus dégagée de tout corps étranger.

La rectification exige un nombre de chauffes proportionné à la quantité de phlegme contenu dans l'eau-de-vie. les fabricans qui cherchent la perfection jettent dans la cucurbite l'eau-de-vie, preuve de Hollande, et placent cette chaudière dans un bain-marie. Au mot *alambic*, on a vu sa description.

Il a déjà été dit que les fluides n'ont pas tous la même volatilité, et qu'ils exigent par conséquent différens degrés de chaleur pour se volatiliser ; sur ce principe est fondée la distillation au bain-marie.

La chaudière est remplie d'eau ; dans cette chaudière est placée la cucurbite pleine d'eau-de-vie jusqu'au point convenable ; enfin la cucurbite est recouverte de son chapiteau uni au serpentin ; et lorsque l'eau bout, sa chaleur, alors de quatre-vingts degrés, fait volatiliser l'esprit contenu dans l'eau-de-vie, il monte seul ou presque seul, et on obtient de l'esprit très-pur. Si le fluide contenu dans la cucurbite éprouvoit le même degré de chaleur que celui de la chaudière, l'esprit et le phlegme monteroient ensemble ; mais l'expérience a prouvé que le fluide environnant souffre un plus grand degré de chaleur que le corps environné , de quelque nature qu'il soit; c'est pourquoi l'esprit monte seul ou presque seul, puisque le phlegme ne sauroit se volatiliser au degré de l'eau bouillante qui l'environne. L'esprit obtenu par ce procédé est moins chargé d'huile essentielle du vin, que par celui dont on va parler.

La méthode la plus usitée dans les fabriques consiste à distiller les eaux-de-vie, preuve de Hollande , dans les alambics qui ont servi aux premières distillations ; la seule différence dans ce travail consiste à modérer exactement le feu , afin que l'esprit monte doucement , et coule en filet très-fin. Dans ce cas, le bouilleur est forcé, malgré lui, à entretenir la plus grande fraîcheur dans l'eau des pipes. Sans ces deux précautions essentielles , l'esprit monteroit avec rapidité, quelquefois feroit déluter le chapeau de la chaudière, et occasionneroit un incendie qu'il seroit presqu'impossible d'éteindre : ainsi l'opération est toujours très-longue, et demande beaucoup de vigilance et de temps. Voyez le tableau de comparaison des distillations en ce genre, faites dans la brûleries de messieurs *Argand*, et dans celles du voisinage.

Il est facile de concevoir combien cette seconde méthode est inférieure à la précédente : par la première, il monte moins d'huile essentielle du vin, huile âcre, mordante, et qui communique ses mauvaises qualités à l'esprit ; d'ailleurs, la matière du feu pénètre plus le cuivre de la chaudière sur laquelle il agit directement, que lorsque la cucurbite est plongée dans l'eau de la chaudière ; et on n'a point fait assez d'attention à cette matière du feu, et à sa manière d'agir sur les esprits, ou plutôt sur l'huile du vin, dont il augmente l'acrimonie naturelle.

Pour s'assurer de la pureté de l'esprit, voici les moyens proposés ; ils sont bons à connoître, quoique plusieurs soient insuffisans.

1°. Mettez de la poudre à canon dans une cuiller d'argent, versez par-dessus une certaine quantité d'esprit-de-vin, et mettez-y le feu : si la poudre ne s'enflamme pas, le phlegme surabonde. Cette épreuve est conditionnelle. Si on met peu de poudre et beaucoup d'esprit-de-vin, le moindre phlegme n'empêche pas l'inflammation de la poudre : si, au contraire, on met beaucoup de poudre et peu d'esprit-de-vin, ce peu ne fournissant pas assez de phlegme pour humecter toute la poudre, elle prend feu.

2°. On imbibe un linge d'esprit-de-vin, et on y met le feu : si le linge brûle, c'est une preuve que l'esprit est bien déphlegmé : ce moyen est préférable au précédent.

3°. Le meilleur procédé consiste à verser l'esprit-de-vin que l'on veut examiner sur de l'alkali fixe : si l'esprit imbibe seulement l'alkali, c'est une preuve qu'il est pur; mais s'il dissout ce sel, il est démontré qu'il contient de l'eau. Nous entrerons encore dans quelques détails sur l'esprit-de-vin, au chapitre suivant.

ARTICLE III.

De la distillation des marcs de raisin.

Avant de parler de la manière d'en retirer l'esprit ardent, il faut connoître les préparations de ces marcs : elles varient dans presque tous les cantons de la France; cependant je vais les restreindre aux deux principales.

Après avoir obtenu, par le pressoir, le vin contenu dans la vendange, des hommes armés d'instrumens à crochet et de pelles divisent la masse solide restée sur la maie du pressoir, l'émiettent et la séparent le plus qu'il est possible.

Ce marc ainsi divisé est porté dans de grands vaisseaux de bois destinés à sa fermentation, ou même dans la cuve qui a déjà contenu le raisin. Il reste inhérente à ce marc une portion sucrée, dont la pression n'a pas entièrement dépouillé les baies et les grappes du fruit. Le vigneron ajoute quelques seaux d'eau sur ce marc; elle humecte toute la masse : peu-à-peu la fermentation vineuse s'établit, la chaleur augmente, et son augmentation décide la quantité d'eau qui doit chaque jour être ajoutée, afin que la fermentation, de vineuse qu'elle est, ne passe pas à l'acéteuse. Qu'on ne croie pas qu'il faille noyer ce marc : la surabondance d'eau diviseroit trop la partie sucrée; et n'y ayant plus de proportion entre elle et l'eau, la putridité se manifesteroit bientôt. Pendant le travail de la fermentation, le vaisseau est recouvert exactement, afin de retenir *le gaz acide carbonique* et le principe inflammable ou *oxygène* ou *azote*. Ils contribuent essentiellement l'un et l'autre à mettre en mouvement la partie sucrée, la vraie base de l'esprit ardent. On ne craint pas dans ce cas-ci les effets de l'expansion des vapeurs, comme dans la fermentation tumultueuse de la vendange. Le degré de chaleur et l'odeur de cette masse indiquent quand la fermentation est à son plus haut période, et ce terme est celui que l'on saisit avec raison pour jeter le marc dans l'*alambic*.

Il n'est pas possible de fixer la quantité d'eau

nécessaire à cette opération, ni le temps que doit durer la fermentation; elle dépend de la masse du marc, de sa qualité, de la chaleur de la saison, et même de l'espace vide entre le couvercle de la cuve et le marc. Si cet espace est proportionné, la fermentation sera plus prompte, mieux soutenue, plus complète; en un mot, il se formera plus d'esprit ardent. Il seroit très-avantageux de trouver l'expédient de ne point déplacer le couvercle lorsqu'on arrose le marc. Une grille d'arrosoir, placée au bout d'un tuyau de fer-blanc qui seroit mobile, distribueroit l'eau sur toute la superficie de la cuve, et imbiberoit le marc.

La seconde méthode est plus simple, mais elle procure moins d'eau-de-vie et d'un plus mauvais goût; elle consiste à faire un creux dans la terre, à y ensevelir le marc, et le recouvrir de terre. On enfonce de temps en temps le bras dans ce creux, afin de juger du point de fermentation; et lorsqu'on la croit à son période, on enlève le marc de la fosse, que l'on jette dans l'alambic, après y avoir mis une suffisante quantité d'eau.

Ces deux méthodes sont défectueuses, et on doit facilement en sentir les raisons par ce qui a été dit plus haut. Il est impossible que les eaux-de vie qu'on obtient n'aient pas un fort mauvais goût; c'est ce qui les a fait prohiber à Paris.

Voici ce que l'expérience m'a démontré; et en

suivant le procédé que je vais indiquer, on est assuré d'avoir de l'eau-de-vie aussi douce que l'eau-de-vie commune du commerce.

Après avoir émietté le marc, mettez-le fermenter, comme il a été dit dans le premier procédé. Lorsque la fermentation sera complète, tirez l'eau vineuse de la cuve, comme vous feriez relativement au vin nouveau : remplissez les futailles. Portez le marc sur le pressoir, et pressurez ; mêlez ce second produit avec le premier ; conduisez ce *petit vin* comme le vin ordinaire ; enfin, bouchez la futaille aussitôt que faire se pourra ; laissez reposer ce petit vin et s'éclaircir jusqu'à la fin de l'hiver, soutirez-le, portez-le dans le réservoir à filtrer dont il a été parlé, et distillez : l'eau-de-vie sera douce.

Dans les provinces où le vin est abondant et à bas prix, et le bois cher, il y a peu de bénéfice à distiller un tel petit vin, puisque les eaux-de-vie de vin suivent le prix de la matière première ; mais, dans les provinces où le vin est cher, le bois abondant, et qui sont éloignées des grandes brûleries, il y a réellement du bénéfice à distiller les marcs.

Si, dans ces pays, il reste quelque mauvais goût à l'eau-de-vie de marc, et que le bois soit à bon marché, on y ajoutera un tiers ou moitié d'eau de rivière. La chaudière sera chargée, la commu-

nication du chapeau avec le serpentin bouchée,
et pendant quinze à dix-huit heures on entretien-
dra par-dessous la chaudière un feu très-modéré,
afin de communiquer à la liqueur seulement une
chaleur de cinquante à soixante degrés : cette digestion produit le meilleur effet pour la distillation des vins dont l'esprit ardent est destiné pour
les liqueurs.

J'ai déjà répété cent fois que la partie sucrée
formoit l'esprit ardent. D'après ce principe reconnu de tous les chimistes et de tous les physiciens, il est aisé de conclure que l'art peut enri-
chir ces petites eaux-de-vie, et leur fournir plus
d'esprit. Il suffit donc d'ajouter une substance sucrée à ce marc mis en fermentation. Je ne dis pas
d'y ajouter du sucre, il est trop cher; de la mé-
lasse ou sirop de sucre, elle augmente les mauvaises qualités de l'eau-de-vie, quoiqu'elle en pro-
duise davantage : le miel commun est la substance
qui m'a toujours mieux réussi. Sur un marc qui
aura fourni vingt à vingt-cinq barriques de vin, de
deux cent vingt à deux cent trente pintes, mesure
de Paris, ajoutez autant de livres de miel qu'il y
aura eu de barriques; on ne risque rien de dou-
bler la dose. Ainsi, avant de jeter la première eau
sur le marc, délayez le miel dans cette eau qui
doit être fluide, et après l'avoir distribuée, que des
hommes, armés de fourches, ramènent par-dessus

le marc du dessous, afin que l'eau mielée mouille légérement tout le marc. La fermentation ne tardera pas à paroître, et se soutiendra vive et bien décidée. Un tel vin gagnera beaucoup en esprit pendant tout l'hiver ; j'en réponds d'après une expérience de plus de vingt ans.

ARTICLE IV.

De la distillation des lies.

Ce genre de distillation étoit presque inconnu en France, si on excepte la ville de Paris. Les marchands de vin y étoient obligés de vendre leurs lies et leurs baissières aux maîtres vinaigriers ; ceux-ci, favorisés d'un privilège exclusif, se les procuroient à un très-bas prix ; ils en retiroient du vin pour le vinaigre, quelques parties d'esprit ardent, et convertissoient le reste, au moyen de la calcination, en *cendres gravelées.*

Toute lie est visqueuse, tenace ; c'est en vain qu'on la met sous la presse, elle ne rend point le vin qu'elle contient. Si on veut l'en retirer, il faut la tenir pendant quelque temps dans une étuve, chauffer les plaques, la mettre dans des toiles, et la presser dans cet état. Alors le vin s'en échappe, et il sert pour la fabrication du vinaigre, ou bien on le distille.

Certains vinaigriers placent de grands vaisseaux de bois dans leur étuve, dans lesquels ils mettent les lies ; à mesure qu'elles s'échauffent, elles lâchent la partie vineuse ; et par le moyen du robinet placé au bas du vaisseau, le vin coule dans les bassiots.

D'autres vinaigriers jettent ces lies et ces baissières, telles qu'elles sont, dans l'alambic, et les distillent.

Je préférerois de noyer ces lies dans de l'eau chaude, de les agiter et remuer, afin de les diviser, de les faire filtrer ; et le produit tiré à clair donneroit une eau-de-vie de qualité inférieure, mais non pas aussi mauvaise que celle retirée par les procédés ordinaires. L'expérience a démontré que les esprits tirés des lies et des marcs contenoient beaucoup plus d'huile de vin que le vin lui-même, proportion gardée.

ARTICLE V.

Distillation des Eaux-de-vie de grains.

On obtient aussi de l'eau-de-vie de toutes les liqueurs dans lesquelles on fait fermenter des grains ou autres substances farineuses. Les eaux-de-vie de grains offrent une boisson recherchée par tous les peuples, où la vigne est rare, et où la cherté du vin tient cette liqueur au-dessus des facultés du peuple.

Pour obtenir de l'eau-de-vie de grains on commence par exciter les blés, fromens, seigles ou avoines, à la germination, en les plongeant pendant une demi heure dans de l'eau tiède. Après les avoir retirés, on les place sur des paillassons où ils se ressuient. La chaleur humide qu'ils ont éprouvée dilate toute leur substance ; les germes s'élancent de toutes parts : c'est alors qu'on passe à la dernière opération ; on les met infuser dans une quantité d'eau où ils nagent entièrement. Bientôt la fermentation la plus complète s'y établit : l'eau acquiert de la saveur, se charge du principe mucoso-sucré contenu dans les grains ; l'ébullition et la chaleur annoncent le plus haut période de la fermentation. Lorsque cette liqueur est parvenue à ce degré , on la verse dans l'alambic, et l'on procède, pour l'extraction des esprits ardens qu'elle contient, de la même manière que pour la distillation du vin.

SECTION V.

Des moyens de connoître la spirituosité de l'eau-de-vie par l'aréomètre.

L'INSTRUMENT qui sert à déterminer la spirituosité de l'eau-de-vie a été inventé par *Hypacie*, et perfectionné par MM. *Baumé* et *Périca* (voyez *pl. V fig.* 11). Il est composé d'une boule de verre soufflée, d'un pouce ou environ de diamètre. A son extrémité inférieure est une petite boule, ou plutôt un petit vase de verre conique qui n'est séparé de la grosse boule que par un petit col. La grosse boule est surmontée par un tube de verre d'une ou de deux lignes de diamètre et de cinq à six pouces de longueur. Le petit vase conique contient une certaine quantité de mercure qui sert de lest à l'instrument, afin qu'il puisse se tenir dans une situation exactement perpendiculaire lorsqu'il est plongé dans un fluide. Le tube est garni intérieurement d'une bande de papier, sur laquelle sont tracés les différens degrés indiqués par l'aréomètre.

Ce fut cette table que M. *Baumé* se proposa de rectifier et de rendre comparable : et voici d'après quel principe il partit : « Tout corps plongé dans

» un fluide, et qui y surnage, déplace un volume
» d'eau proportionnel à son poids, et ce volume
» d'eau est en raison de la densité du fluide. Ainsi
» plus le fluide sera dense, et moins le corps en
« déplacera, ou, moins il y enfoncera; plus le
» fluide sera léger, et plus le volume déplacé sera
» considérable, ou, plus le corps enfoncera ».
D'après ces axiomes d'hysdrostatique, il imagina
de varier la densité du fluide sans toucher au volume et au poids du corps. En conséquence, il
prit un aréomètre dont le tube cylindrique étoit
d'un diamètre parfaitement égal dans toute sa longueur, et le plongea dans une masse d'eau qui
pesoit quatre-vingt-dix-neuf livres, et qui tenoit
en dissolution une livre de sel marin; et à l'endroit
où le pèse-liqueur s'arrêta, il marqua le premier
degrés au-dessous de zéro. Pour marquer le second, il fit dissoudre deux livres du même sel
dans quatre-vingt-dix-huit livres d'eau; pour le
troisième, il fit dissoudre trois livres de sel dans
quatre-vingt-dix-sept livres d'eau, et ainsi de
suite, en augmentant toujours la quantité de sel
et en diminuant la proportion de l'eau, et marquant à chaque fois les différens points de l'immersion de l'aréomètre.

Cette méthode, très-exacte et très-simple, ne
peut cependant servir que pour connoître les différens degrés de densité des saumures: mais elle
est insuffisante pour les fluides ordinaires. M

Baumé y suppléa en construisant un instrument semblable d'après les mêmes principes hydrostatiques, mais en changeant la liqueur d'épreuve. Il prit deux liqueurs propres à donner deux termes fixes. L'une étoit de l'eau distillée, l'autre quatre-vingt-dix onces d'eau distillée chargée d'une quantité donnée de sel marin, de dix onces de ce sel bien purifié et bien sec. Il plongea son aréomètre lesté de façon à pouvoir enfoncer de deux ou trois lignes au-dessus de la grosse boule dans la liqueur salée, et marqua zéro à l'endroit où il se fixa ; ce qui lui donna le premier terme. L'instrument lavé et séché exactement fut plongé dans l'eau distillée, et il marqua dix degrés à l'endroit où il s'arrêta ; ce qui donna le second terme. Il ne s'agit que de diviser, après cela, en dix parties égales l'espace compris entre ces deux points, et de tracer de semblables degrés sur la partie supérieure du même tube, et l'on aura un aréomètre contenant une cinquantaine de degrés de graduation, ce qui sera plus que suffisant, suivant M. *Baumé*, pour peser l'esprit-de-vin le plus rectifié.

Les degrés de ce pèse-liqueur sont d'un usage inverse des degrés de celui qui sert aux liqueurs salines. Ce dernier, en effet, annonce une liqueur d'autant plus riche en sel, qu'il s'enfonce moins dans l'eau ; et l'autre, au contraire, annonce une liqueur d'autant plus abondante en esprit, qu'il s'y en enfonce davantage.

MM.

MM. de la *Folie* et *Scanégatti* de Rouen, pensant avec assez de raison que l'échelle du second aréomètre de M. *Baumé* n'étoit pas assez exacte pour exprimer les différens degrés d'une liqueur spiritueuse quelconque, que le rapport d'une eau saline à l'eau distillée n'étoit pas le même que celui de l'eau distillée à l'esprit de vin le plus rectifié, et que, par conséquent, il ne pouvoit pas servir d'étalon pour fixer les degrés de densité de l'eau-de-vie, imaginèrent en 1777 une autre division fondée, à la vérité, sur les mêmes principes. Ils prirent de l'esprit-de-vin le plus rectifié qu'il étoit possible par des distillations répétées, mais dont le nombre étoit connu. Ils y plongèrent un aréomètre d'un volume et d'un poids déterminé, et marquèrent zéro au point d'immersion où il se fixa. Sur quatre-vingt-dix-neuf parties d'esprit-de-vin, ils mêlèrent une partie d'eau distillée : ce qui donna le second degré. Le troisième fut trouvé par un mélange de deux parties d'eau distillée et de quatre-vingt-dix-huit d'esprit-de-vin ; ainsi de suite pour les autres.

Cette méthode donne un aréomètre comparable et assez juste pour fixer les différens titres de l'eau-de-vie. L'eau-de-vie n'étant qu'un mélange d'esprit-de-vin et de phlegme ou d'eau, fait par la nature, ils l'imitèrent ; et, d'un esprit-de-vin très-rectifié, ils obtinrent une eau-de-vie très-foible qui avoit passé par tous les degrés intermédiaires sensibles au pèse-liqueur. MM. de la *Folie* et *Scanégatti* ne firent pas attention à la pénétration d'une liqueur dans l'autre ; et cet objet mérite d'être pris en considération, comme on le verra dans la description de l'aréomètre de M. *Bories*. L'eau distillée et l'esprit-de-vin le plus pur ont chacun séparément une pesanteur spécifique, qui n'est plus la même après le mélange des deux fluides : c'est une troisième pesanteur spécifique.

La correction que M. *Assier Perica* a faite à cet instrument consiste à l'avoir rendu en même temps aréomètre et thermomètre, en faisant servir le mercure de la petite boule inférieure qui sert de lest, de thermomètre. Avec cet instrument, non seulement on s'assure de la densité d'un fluide, mais encore de sa température. La chaleur raréfiant toutes les liqueurs, et le froid les condensant, influent nécessairement sur leur densité ; et il n'étoit pas étonnant de trouver une différence sensible dans la densité d'une même liqueur, lorsqu'on l'éprouvoit dans des temps différens, et que leur température avoit changé sensiblement. Avec l'aréomètre de M. *Assier Perica*, cette différence est connue, et par conséquent peut être corrigée.

La plus grande utilité et le principal service du pèse-liqueur dans l'économie rurale, est de pouvoir indiquer avec précision les différens titres de

l'eau de-vie. Pour les connoître, on se sert ordinairement, dans les brûleries, d'une petite bouteille dans laquelle on renferme une certaine quantité de cette liqueur ; on la secoue, et le plus ou
moins de bulles qui se forment à sa surface indique la force ou la foiblesse de l'eau-de-vie. On
sent combien cette méthode est fautive ; de plus,
ce n'est qu'un très long usage qui peut donner une
connoissance exacte du rapport du nombre et de
la largeur des bulles avec la bouté de l'eau-de-vie.
Il seroit bien plus avantageux de se servir de l'a-
réomètre de MM. de la *Folie* et *Scanégatti*. Les
principes sur lesquels il est construit doivent donner de la confiance sur son exactitude. L'emploi
en est simple et facile ; il pourroit encore servir à
découvrir tout d'un coup les proportions d'eau et
d'esprit de vin qui constitueroient les eaux-de-vie.
Les fermiers-généraux avoient adopté cet instrument pour essayer les eaux de-vie qui entrent dans
les villes ; mais il est singulier qu'ils aient préféré
l'aréomètre de métal à l'aréomètre de verre. Le
premier, plus susceptible de varier dans son diamètre par la chaleur et le froid, pouvoit devenir
souvent un indicateur infidèle et dangereux. Sa
boule de cuivre mince, dilatée par la seule chaleur de la main, enfonce moins dans l'eau-de-vie, et
par conséquent la fait passer pour plus légère ou
plus spiritueuse qu'elle n'est réellement.

Si, à la place de l'aréomètre de métal, on

substituoit un aréomètre de verre, dont les proportions et la graduation fussent connues, il y auroit moins de risque à courir, et le marchand qui pourroit avoir un instrument absolument pareil ne seroit jamais exposé à se tromper à son très-grand désavantage, et sur-tout à être trompé.

Ce n'est pas assez d'avoir fait connoître les deux aréomètres dont on se sert à Paris, et contre lesquels le négociant ne cesse de faire des réclamations, sur-tout contre celui de *Cartier*; il faut encore mettre sous les yeux du lecteur ceux qui méritent quelque considération.

Cette partie du commerce des eaux-de-vie, si essentielle à la province de Languedoc, la multiplicité des contestations qui s'élevoient chaque jour entre le vendeur et l'acheteur sur les différens degrés de spirituosité de l'eau-de-vie, engagèrent les États de cette province à proposer en 1771, pour sujet de prix, ce problême : *Déterminer les différens degrés de spirituosité des eaux-de-vie ou esprit-de-vin, par le moyen le plus sûr, et en même temps le plus simple et le plus applicable aux usages du commerce.* En 1772, la société royale de Montpellier couronna les Mémoires de MM. l'abbé *Poncelet* et *Pouget*, quoiqu'ils ne remplissoient pas à la rigueur l'objet désiré. Le même sujet fut proposé de nouveau pour l'année 1773 : le mémoire de M. *Bories* fut couronné ; la province l'a adopté, et il sert de règle à son commerce. Il convient donc de le faire connoître, puisque la somme des eaux-de-vie fabriquées en Languedoc, fait un tiers de celles du reste de la France. On y distingue trois espèces d'eaux-de-vie. *La preuve de Hollande* est le premier produit de la distillation ; le *trois-cinq* est la rectification du premier produit, et le *trois-six* n'est autre chose que le trois-cinq passé de nouveau à l'alambic.

Pour s'assurer des degrés de spirituosité de l'eau-de-vie et de l'esprit de vin, M. *Bories* a considéré l'eau-de-vie comme un composé d'esprit et d'eau. Ces deux extrêmes ont déterminé les termes fixes dans la division de son échelle de graduation. L'eau pure distillée est le premier terme ; l'esprit ardent, dépouillé de tout autre principe étranger, le second. Le premier point étoit facile à trouver, et le second exigeoit plus de travail. M. *Bories* fit distiller cent trente pintes d'eau-de-vie rectifiée, connue dans le commerce sous le nom de *trois-cinq*. Il cessa la distillation lorsqu'il en eut obtenu soixante-cinq, qui subirent une troisième rectification. Le produit fut divisé de huit en huit pintes, et mis à part jusqu'à ce qu'il en eût retiré quarante-huit.

Pour faire l'essai de l'esprit de vin de la dernière distillation, et s'assurer s'il contenoit encore de l'eau surabondante, il prit une des huit premières pintes de ce même esprit, sur lequel il jeta de l'alkali de tartre pur et sec. La bouteille fut agitée, le sel s'humecta, une partie tomba en déliquescence, une autre adhéra aux parois de la bouteille, et par le repos elle se rassembla au fond. De nouvel alkali fut ajouté après avoir décanté cet esprit : ne trouvant plus d'humidité superflue, il se grumela et se précipita tout-à-coup dès que le vase fut en repos. Après une seconde décantation, l'alkali qui fut ajouté resta flottant comme une poussière, et l'esprit fut entièrement dépouillé de sa partie aqueuse.

Ce même esprit-de-vin déjà déphlegmé fut encore agité avec de nouvel alkali, et après plusieurs jours de repos et d'agitation successifs, il acquit une légère couleur citrine. Ces mêmes expériences furent répétées sur les eaux-de-vie de Provence, de Catalogne, de marc, etc. Elles prirent, après quelques jours, une teinte jaunâtre plus ou moins foncée. La gravité augmenta à proportion de l'intensité de la couleur, et au bout de quelques mois, l'esprit provenu de l'eau-de-vie de marc étoit une vraie teinture alkaline onctueuse, quoique faite à froid. Ainsi, plus les eaux-de-vie sont huileuses, plus elles tiennent d'alkali en dissolution ; et l'esprit ardent qui surnage le sel n'est pas décomposé ; il reste intact, quoique un peu altéré par une espèce de savon fait avec l'alkali végétal dissous dans l'esprit-de-vin. Le sel de tartre a donc la double propriété de priver l'esprit-de-vin de toute son eau surabondante, et de s'emparer de l'huile grossière qu'il contient.

D'après ce principe, et par cette méthode, M. *Bories* déphlegma quinze pintes d'esprit de la troisième rectification ; elles en produisirent quatorze et un tiers, qui furent laissées en digestion au soleil, pour donner le temps à l'alkali de se combiner avec l'huile. La liqueur devint couleur de paille.

Ces quatorze pintes furent distillées à un feu modéré, et le produit mis à part pinte par pinte. On en retira huit pintes d'une parfaite égalité entre elles ; et en augmentant le feu, il en vint cinq pintes et un tiers d'un esprit un peu plus foible. Il résulte de ces expériences, 1°. que l'esprit est privé de son huile douce du vin ; 2°. qu'il n'y a dans les eaux-de-vie que de l'huile douce non essentielle ; 3°. que, porté à cet état de pureté, il établit comparaison entre l'eau distillée et l'esprit le plus pur.

Le rapport de cet esprit-de-vin à l'eau, déterminé à l'aréomètre de *Farenheit* et par la balance hydrostatique, la température à + 10, est comme

0,820 $\frac{1302.1}{1015.1}$ à + 15, comme 0,817 $\frac{41}{1015.1}$ à 20, comme 0,813 $\frac{1015.1}{1015.1}$.

Le pouce cubique de ce même esprit, à la température de + 10, pèse 301 $\frac{1}{1}$ de grain, et le même volume d'eau pèse 366 $\frac{4}{1}$.

Ces deux termes donnés, on peut être assuré d'avoir des hydromètres comparables avec plus de justesse que les thermomètres. Mais il se présente une difficulté si on mêle cet esprit-de-vin avec l'eau distillée, il résulte de ce mélange une véritable dissolution : et la pesanteur spécifique des deux liqueurs réunies n'est plus d'accord avec celle des deux fluides séparés, à cause de la pénétration des parties. M. *Bories* a donné des tables très-détaillées de la pesanteur spécifique d'un grand nombre de mélanges, et qu'il est inutile de rapporter ici.

Après avoir essayé plusieurs hydromètres, M. *Bories* s'est arrêté à celui que l'on va décrire.

La tige est quadrangulaire, telle qu'elle est représentée dans la *fig.* 1, *pl. V*, et on en voit le développement *fig.* 2. Cette tige donne quatre faces ou parallélogrammes bien distincts au bas de la tige. A une petite distance de la boule, il trace une ligne horizontale, qu'il appelle *ligne de vie*, *fig.* 1 et 2. Il ajuste ensuite son instrument de façon que, mis dans l'eau distillée à la température de dix degrés du thermomètre, il s'enfonce en tout sens jusqu'à cette ligne, ce qui fixe le terme fixe inférieur marqué A. M. *Bories* plonge ensuite l'hydromètre dans l'esprit de vin qui doit être son terme fixe supérieur, et il marque B le point où il s'arrête dans cette seconde liqueur ; alors, prenant l'intervalle d'un point à l'autre, il le porte sur un papier A B, *fig.* 3, et divise l'espace compris entre A et B en mille parties égales, ce qui forme la table des rapports de dilatation et de condensation ; et il gradue son hydromètre de la manière suivante :

La première face de la *fig.* 2 indique toutes les variations causées par la diverse température, depuis o jusqu'à 5 ; la seconde, celle depuis 5 jusqu'à 10 ; la troisième, de 10 à 15, la quatrième enfin, de 15 à 20 ; de sorte que les quatre faces ensemble font le complément de vingt degrés du thermomètre, *fig.* 4. Chacune se trouve par là divisée en cinq parties égales.

La ligne de vie, *fig.* 1 et 2, sert de point fixe pour la formation de l'échelle de la tige de l'hydromètre. La table des rapports de la dilatation et condensation indique le nombre des parties qu'il y a de cette ligne de vie au point correspondant à chaque espèce d'eau-de-vie pour chaque degré de température, et l'échelle de mille parties, *fig.* 3, en donne les distances.

Pour rendre la chose plus sensible, en voici une application. La table des rapports indique qu'une eau-de-vie formée par le mélange d'une partie d'esprit-de-vin sur neuf d'eau ne donne à zéro que 6, 3. On prend avec un compas, sur l'échelle de mille parties, *fig.* 3, un intervalle de 6, 3, que l'on porte sur la ligne EF de la *fig.* 2 de la première face, en appuyant une des pointes du compas sur la ligne de vie au point E, et l'autre arrive au point 1 que l'on marque. Cette même table fait voir que la même eau-de-vie, à la température du 5, donne 6, 6, qu'on va lever sur l'échelle, pour la porter ensuite sur la ligne CD, de la même face, en appuyant toujours la pointe du compas; et de ce point 1 pris dans la ligne CD, au point 1 déjà marqué dans la ligne EF, on tire une ligne transversale qui ne doit pas être parallèle à la ligne de vie.

Sur cette même face, on parcourt les autres eaux-de-vie, dont on marque les points selon que la table de rapports les indique, et que les distances en sont données par l'échelle; et de chacun de ces points marqués dans la ligne EF, on tire des lignes aux points correspondans dans la ligne CD; par ce moyen toute cette face est divisée. Il faut observer la même méthode pour toutes les autres faces; mais comme chacune de ces faces est sous-divisée en cinq parties égales, il se trouvera que la ligne tirée d'un point à celui qui lui correspond coupera obliquement les lignes qui sous-divisent chaque parallélogramme, et le point de concours de ces lignes indiquera les degrés de température intermédiaire de o à 5 dans la première, de 5 à 10 dans la seconde, etc. Prenons pour exemple l'esprit-de-vin, dont le point 10 marqué dans la ligne EF est distant de la ligne de vie de 93,2; et le même point 10 pris dans la ligne CD se trouve éloigné de cette même ligne de vie de 96,6. La ligne oblique tirée d'un de ces points 10 à l'autre doit coïncider avec la ligne verticale de la première colonne, à 93,9; avec celle de la seconde, à 94,6; avec celle de la troisième, à 95,3; avec celle de la quatrième, à 96,0; et ainsi de suite pour chaque face et chaque espèce d'eau-de-vie intermédiaire.

On voit, par ces résultats, qu'on peut, avec un seul et même hydromètre, vérifier non seulement la même eau-de-vie à tous les degrés de température, mais qu'on peut encore pousser l'exactitude jusqu'à reconnoître des moitiés, des quarts, des huitièmes de degré; de sorte qu'on trouve dans un même instrument une infinité d'hydromètres gradués pour des températures différentes.

Les dimensions de l'hydromètre sont arbitraires; mais il n'en est pas de même des proportions de ses différentes parties entre elles. Il faut que le volume de la verge de la graduation soit au volume total comme 1 est à 6.

La sensibilité de l'instrument dépend de la longueur de l'intervalle du point A au point B, *fig.* 1, qui sont les deux termes.

Plus la verge de graduation est longue, plus le lest doit être distant du corps, pour contre-balancer la force de gravité, sans quoi l'instrument, loin de se tenir droit, feroit la bascule.

La *preuve de Hollande* dont on a parlé plus haut est le premier objet de consommation, et a pour ainsi dire servi jusqu'à présent en Languedoc de boussole, soit pour le titre, soit pour le prix des autres degrés d'eau-de-vie.

Pour le titre, en ce que la spirituosité de celle-là étant connue, celle des autres devroit l'être dans l'acception du terme et d'après les notions reçues, quoique fausses. Suivant donc l'idée générale, le *trois-cinq* est une eau-de-vie dont trois parties mêlées à deux d'eau pure doivent rendre cinq parties *preuve de Hollande*; et parties égales de *trois-six* et d'eau commune, doivent donner encore la même *preuve de Hollande*, dont le prix détermine encore celle des deux autres eaux-de-vie.

Pour remplir ces objets par une règle facile à appliquer journellement, M. *Bories* a pris la moyenne sur une grande quantité de pièces d'eau de-vie voiturées au port de Cette, de différens cantons du Languedoc; mais comme les eaux-de-vie ne sont pas chaque année égales en qualité, il a combiné ses expériences sur les eaux-de-vie de 1771, 1772 et 1773. Le titre ainsi fixé, il est facile d'en donner le rapport à l'esprit de vin et à l'eau distillée, et d'assigner leur place sur le bathmomètre.

Dix verges ou veltes d'esprit de vin sur une velte d'eau distillée font la combinaison du *trois-six*, et ce mélange pèse exactement à l'aréomètre 427 ½ de grain, comme la moyenne du *trois-six*. Il y a eu dans ce mélange une augmentation de densité de quatre grains; car si on calcule le poids qu'il devroit avoir, on ne trouve que 423 ½; il y a donc eu une différence de presque ½ du volume total. Un pouce cubique de ce même *trois-six* pèse 318 ½ de grain, tandis qu'un pareil volume d'esprit a pesé 301 ½ de grain, et celui de l'eau distillée 365 ½. Le rapport de cette eau-de-vie de ＋ 10 degrés de température est à l'eau et à l'esprit de vin, comme 0,045 est à 1,000 et à 0,820.

Il résulte de ce qui vient d'être dit, que le *trois-six*, à dix degrés de température, doit se trouver sur le bathmomètre, *fig.* 5, distant de la ligne de vie, de 841 de l'intervalle total de l'eau à l'esprit-de-vin; alors on le prend au moyen de l'échelle

de mille parties, pour le porter à la colonne de
10 du bathmomètre, sur laquelle on le marque
au point 3. La table des rapports des dilatations
et condensations apprend ensuite la série des
variations que suit cette liqueur en dessus et en
dessous du dixième degré ; et on trouve qu'à
15 degrés on a 870 ; à 20 , 900 , etc. que l'on
marque de la même manière que pour les eaux-
de-vie, par dixièmes d'esprit. Ce qu'on a pratiqué
pour les *trois-six* s'observe également pour les
trois-cinq et pour *la preuve de Hollande.*

La graduation du bathmomètre ainsi fixée pour
les usages du commerce de la province, l'essai
de chacune des espèces d'eau-de-vie en sera facile.
Pour le rendre encore plus facile avec cet instrument, M. *Bories*, y a ajouté un *curseur*, dont
les mouvemens sont toujours parallèles à la ligne
de vie. (*Voyez* ce curseur PP, monté sur le
bathmomètre, *fig.* 4, et cette même pièce séparée
de l'instrument, *fig.* 6.)

Après s'être assuré de la température de la liqueur à vérifier, on y plonge l'instrument. S'il
s'enfonce de façon que la ligne du titre soit au-
dessous de la surface de la liqueur à vérifier ,
l'eau-de-vie est au-dessus du titre , et la quantité
des degrés secondaires indique le degré de la spirituosité supérieure. Si au contraire cette même
ligne du titre surnage le nombre des degrés secon-

daires, depuis la surface de la liqueur jusqu'à
cette ligne du titre, elle annoncera les degrés de
spirituosité qui manquent, et par conséquent la
quantité de la liqueur d'un titre supérieur qu'il
faut ajouter pour que l'eau-de-vie essayée soit
ramenée au titre qu'on désire.

A l'instrument qu'on vient de décrire, M. *Bories* en a ajouté un autre dépendant du précédent, plus commode, plus simple, et plus à la
portée des fabricans d'eaux-de-vie et de ceux qui
en font commerce.

Cet instrument, représenté *fig.* 6, diffère des
hydromètres ordinaires par l'échelle graduée sur
une tige quadrangulaire G, H, *fig.* 6 et 7. La
fig. 7 représente cette tige dégarnie de son curseur, *fig.* 8, et dans sa moitié supérieure P H
seulement. Cette tige est munie d'un curseur I K,
fig. 6, qui porte sa graduation, et fait les fonctions de compensateur. Les développemens des
échelles de la tige et du curseur se voient à côté.

Ce compensateur est divisé en deux parties par
un bouton ou point saillant L, *fig.* 6 et 8, qui
doit être en or, pour qu'il soit plus sensible; et
c'est à ce point L que doit toujours se trouver la
liqueur qui est au titre juste.

Les degrés de ce compensateur qui sont au-
dessus du point saillant de L en I indiquent les
degrés de spirituosité trop grande, et par consé-

quent au-dessus du titre. La graduation qui est en dessous de ce même point de L en K est destinée à faire connoître les liqueurs qui sont au-dessous du titre, et fait apprécier les eaux-de-vie foibles.

L'échelle qui est sur la partie supérieure de la même tige de l'instrument de P en H, *fig.* 6, *et* 7, marque les variations causées par les diverses températures depuis zéro jusqu'à vingt : cette portion s'appelle le *thermomètre*, et est divisée figurativement comme ce dernier instrument, le zéro étant le degré inférieur, et vingt le supérieur.

L'autre moitié inférieure de P en G, *fig.* 7, reste sans graduation, et sert à fournir un espace au mouvement du curseur ; il fait en outre connoître l'emploi de chaque face.

Au bas de l'instrument, *fig.* 6, est une autre tige terminée par un tarau FF, servant à recevoir l'écrou, *fig.* 9, des quatre poids T, X, Y, Z, chacun desquels porte, gravé en toutes lettres, le nom de la liqueur pour laquelle il est destiné ; en sorte qu'on doit adapter à l'instrument celui de ces poids qui répond à l'espèce d'eau-de-vie dont on doit faire usage.

Le bathmomètre, *fig.* 4, qui est l'archétype de ce dernier instrument, *fig.* 6, détermine le titre de chaque pièce d'eau-de-vie, et par conséquent

donne

donne le point principal de chaque face. Il indique aussi le rapport de la tige à la boule, et fait trouver tout d'un coup l'échelle de la graduation, tant de la tige que du compensateur, dans chacune de ses divisions. L'eau-de-vie *preuve de Hollande*, comme la plus ordinaire dans le commerce, va servir d'exemple.

Cette eau-de-vie donnant au degré 10 de température, 340 sur le bathmomètre, il faut ajuster le poids de cette *preuve de Hollande* de manière que l'instrument indique ce même point 340; mais comme on a reconnu que la diverse température fait varier la densité de la preuve de Hollande depuis 294 jusqu'à 386, il faut nécessairement que la moitié supérieure de la tige soit en état de mesurer cet espace; d'où il faut conclure que la moitié supérieure de la tige dans la face destinée à la *preuve de Hollande* doit être au volume total, comme 1 à 60, et par conséquent la totalité de la tige, comme 1 à 30. On a, par ce moyen, les proportions des différentes parties de l'instrument pour la *preuve de Hollande*, et ainsi de suite pour les autres espèces d'eaux-de-vie.

Avec cet instrument doivent toujours marcher un thermomètre et une table qui sert de tarif (Il est ci-joint), et qui indique dans toutes sortes de cas la quantité de *trois-cinq* qui est de trop ou qui manque dans une *preuve de Hollande*

K

pour la mettre au titre, quelle que soit la contenance de la futaille.

La première colonne de ce tarif est hors de rang et indique la contenance de la futaille par le nombre des veltes, depuis 60 jusqu'à 90. Les futailles pour l'eau-de-vie, *preuve de Hollande*, excèdent rarement ces proportions.

La première ligne, également hors de rang, marque les degrés ou la distance du point saillant L, *fig*. 6, tant en dessus qu'en dessous.

Les 465 cases qui forment ce tarif représentent en décimales la quantité de livres de *trois-cinq* qu'il faut ajouter ou retrancher, pour que la liqueur soit au titre juste.

Dès qu'on connoît, par le moyen du thermomètre le degré de température des eaux-de-vie qu'on se propose d'essayer, on porte le sommet I du curseur au degré de la graduation de l'hydromètre correspondant à celui qu'a donné la liqueur dans le thermomètre; enfin on adapte pour la *preuve de Hollande*, le poids X, *fig*. 9, qui répond à cette epèce d'eau-de-vie.

L'instrument ainsi préparé est plongé dans la liqueur contenue dans un cylindre de fer-blanc, et on considère le point où la surface de l'eau-de-vie coupe le curseur. Si c'est au bouton d'or L, *fig*. 6, la liqueur est au titre juste; mais si c'est en dessous au point N, par exemple, ou au douzième degré (la futaille supposée contenir 76 veltes), la case du tarif qui se trouve dans l'angle commun de la colonne 12 en chef, et de la ligne 76 en marge, donne 182.4 ; ce qui indique que, pour mettre la pièce vérifiée au juste titre, il faudroit 182 livres et $\frac{4}{12}$ de livre, ou bien 9 veltes et $\frac{1}{12}$, en négligeant les fractions de livre.

L'opération d'essai est si prompte, qu'en moins d'une heure, M. *Bories* a essayé 110 pièces d'eau-de-vie, et a indiqué ce qu'il y avoit à changer à chacune. Comme cet instrument est en argent, et qu'il y a beaucoup de lettres, de chiffres, de lignes gravées sur les tiges, sur les poids, etc., etc. il coûte 72 liv. et c'est un peu cher pour le particulier. C'est le seul reproche qu'on puisse lui faire.

Après avoir fait sentir l'utilité d'un aréomètre comparable, sur-tout pour les eaux-de-vie et les esprits-de-vin, et tout l'avantage d'un tel instrument qui feroit en même-temps l'office de thermomètre, et après avoir décrit plusieurs de ces instrumens, nous allons donner le moyen de faire celui de M. *Perica*, et décrire ses proportions : il est bien moins dispendieux que celui de M. *Bories*.

Au bout d'un tube de verre de quatre lignes de diamètre, et de six à sept pouces de longueur, on

souffle une boule AG, *fig.* 10, *pl. V*, de 16 lignes
de diamètre. A environ huit lignes de la boule, on
en souffle une autre petite H I, de cinq à six lignes
de diamètre, terminée par un cylindre B de quatre
lignes de diamètre, et de huit de longueur, terminée en pointe, comme on le voit dans la figure.
Cette pointe reste ouverte jusqu'à ce que l'instrument soit terminé ; c'est par cette extrémité
que l'on y introduit un thermomètre à mercure,
coudé au point L, pour pouvoir passer au-
dessus de la table des divisions que l'on a fait
entrer dans le tube D F par l'extrémité F, et
qui doit descendre jusqu'à la naissance du coude
L du thermomètre, dont toute la partie, depuis
L jusqu'en M, doit être considérée comme la
boule. On soude ensuite le thermomètre avec le
cylindre B, aux points KK, de façon qu'il ne fait
plus qu'un corps avec lui, et que le cylindre
devient en même temps et réservoir du thermomètre, et lest de l'aréomètre. On fait passer ensuite du mercure dans le tube du thermomètre
par l'extrémité M, qui doit rester ouverte, comme
nous l'avons dit ; on en introduit la quantité nécessaire pour que, l'eau étant à la température de
la glace, il se fixe au zéro de l'échelle du thermomètre, et qu'il monte, à l'eau bouillante, à quatre-
vingt-cinq degrés. On ferme alors la pointe M, et
l'on essaie l'instrument comme aréomètre en le
plongeant dans l'eau distillée, où il doit s'arrêter

an n°. 10 de l'échelle de l'aréomètre. S'il est trop léger, et qu'il n'enfonce pas assez, on leste avec un peu de mercure ; pour cela on rouvre la pointe M , on introduit une certaine quantité de mercure, et on la referme : si, au contraire, il est trop pesant , on en retire un peu, jusqu'à ce qu'enfin il se trouve juste au numéro 10.

Ce n'est, comme on le voit, que par des tâtonnemens que l'on peut espérer d'abord de réussir dans la construction de cet instrument ; mais avec de la patience et de l'adresse on en viendra à bout.

Chaque degré du thermomètre équivaut à cinq degrés du pèse-liqueur.

Il est facile d'en sentir toute l'utilité et toute la commodité. Il peut servir en même temps à connoître non seulement les pesanteurs spécifiques de diverses liqueurs comme aréomètre , mais encore leur température et leurs degrés de dilatation et de condensation, ce qui influe plus qu'on ne pense dans la densité relative des fluides. En effet , si l'on compare les degrés de pesanteur de l'eau chaude et de l'eau froide, on s'apercevra d'une différence sensible : ayant exposé de l'eau ordinaire à la gelée, et le thermomètre ordinaire marquant zéro, l'aréomètre dont nous venons de donner la description s'est arrêté après plusieurs oscillations à 11°. ; l'ayant transporté dans l'eau de même qualité, mais plus chaude, il s'est enfoncé jusqu'à 12°.; enfin, au degré de l'eau bouillante, il s'est tenu plongé jusqu'à 15°. A mesure que l'eau se refroidissoit, il remontoit insensiblement pour se fixer à 11°., où il étoit à la température de la glace. Il faut donc bien faire attention, dans les observations de l'aréomètre, aux différens degrés de température, et c'est en quoi consiste le principal avantage de celui que nous proposons.

Dans les brûleries d'eau-de-vie, si, pour connoître ses qualités, on adopte cet aréomètre, on pourra voir tout d'un coup sa juste densité, qui résulte de la proportion de l'esprit de vin avec le phlegme ou l'eau. Le degré de chaleur qu'elle aura dans le moment sera corrigé sur-le-champ par le thermomètre; mais, en général, il faudra avoir l'habitude de l'essayer à la même température, par exemple, au degré 10, qui marque une chaleur modérée, et que l'on retrouve facilement en toute saison; l'hiver, en échauffant un peu la liqueur; et l'été, en la plaçant dans un endroit frais. Pour spécifier la qualité de l'eau-de-vie, il ne faudra qu'exprimer le degré de l'aréomètre, sa température étant au degré 10 du thermomètre; ce qui pourra servir de base générale et de terme de comparaison qu'il seroit intéressant d'adopter dans tous les pays. Ceux qui désireront plus de précision se serviront de l'aréomètre de M. *Bories*.

L'ART

DE

FAIRE LES VINAIGRES

SIMPLES ET COMPOSÉS;

Par le Citoyen PARMENTIER, de l'Institut national.

De la fermentation acéteuse en général.

LE vinaigre est une liqueur acide produite par le second degré de la fermentation vineuse. On fait du vinaigre non seulement avec le vin proprement dit, mais encore avec le poiré, le cidre, la bière, l'hydromel, le petit-lait, etc. Le premier l'emportant sur tous les autres vinaigres pour l'agrément et pour la force, c'est celui du raisin dont il sera particulièrement question dans cet ouvrage.

Comme il n'y a pas de vin, de quelque nature qu'il soit, qui ne tende journellement à se convertir en vinaigre, et qui ne le devienne en effet au bout d'un temps plus ou moins long, à raison des circonstances, la première idée de faire du vinaigre est sans doute due à l'inattention de quelques vignerons, ou de personnes chargées du gouvernement des celliers ; la saveur aigrelette qu'auront contractée les liqueurs vineuses ne permettant plus de les consommer en boisson, on aura essayé de les faire servir à relever la saveur des mets, ou à en prolonger la durée.

Ce qu'il y a de positif, c'est que l'origine du vinaigre remonte à la plus haute antiquité. *Pline*, dans son histoire naturelle (1), ne tarit point en éloges sur l'usage de cet acide, soit comme assaisonnement , soit pour conserver des fruits et des légumes. On l'employoit aux embaumemens ; et sans doute que le *cédria* des Egyptiens n'étoit pas autre chose que du vinaigre. Mêlée à l'eau, il servoit souvent de boisson aux légions romaines, sous le nom d'*oxicrat*. Enfin il n'existe pas de traité d'économie domestique qui ne fasse mention du vinaigre. A la vérité, aucun auteur avant *Glauber* n'avoit indiqué un procédé détaillé et complet pour le faire. Faut-il s'étonner si, parmi les artistes qui ont la réputation d'envelopper leurs manipulations des ombres épaisses du mystère, les vinaigriers occupent une place distinguée puisqu'autrefois, et même encore aujourd'hui , on dit proverbialement, lorsqu'on ne veut pas révéler quelque chose : *C'est le secret du vinaigrier?* Mais heureusement que cette belle conception de la des-

----

(1) Liv. XIV , chap. 20 , etc.

cription des arts et métiers est parvenue à déchirer le voile, et que la diversité des moyens par lesquels on peut transformer toutes les liqueurs vineuses en vinaigre est maintenant bien connue.

Nous ne chercherons pas à donner à cet article plus d'étendue qu'il ne doit en avoir : il ne s'agit point de présenter ici l'extrait de l'art du vinaigrier ; il fait partie des *Arts et Métiers*, imprimé *in-*4°. à Neufchâtel ; et, en le décrivant, le cit. *Demachy* a rendu un nouveau service à la chimie. Le lecteur, qui désireroit connoître plus en détail tous les procédés de cet art, doit consulter l'édition que nous citons, d'autant plus volontiers que M. *Struve*, membre de la société physique de Berne, y a ajouté des notes intéressantes qui ne laissent pas d'augmenter l'utilité d'un art borné en apparence. Mais il en est de l'art du vinaigrier comme de beaucoup d'autres ; il peut acquérir de la consistance, de l'extension, et de la célébrité par le génie d'un seul homme. Nous en avons la preuve par ce qu'a fait le cit. *Maille*. Graces à son intelligence et à ses travaux, cet acide a passé aux extrémités des deux mondes, avec les noms les plus pompeux et les odeurs les plus agréables, sur la toilette des dames de toutes les classes. Le citoyen *Acloque* qui lui a succédé ne s'occupe pas avec moins de succès à donner à cette branche de commerce national tous les avantages que peut lui communiquer l'industrie éclairée par les sciences.

Mais il s'agit d'exposer ici en quoi consiste la formation, la préparation, la conservation, et les propriétés des différentes sortes de vinaigres usitées en Europe; et pour ne pas nous livrer à des détails étrangers à cet ouvrage, nous tâcherons de renfermer dans un court espace tous les avantages que le produit du second degré de la fermentation vineuse peut offrir aux arts et à l'économie.

ARTICLE I.

Théorie du vinaigre.

L'imperfection de la théorie chimique, à l'époque de la publication de tout ce qui a paru de plus méthodique sur l'art de faire le vinaigre, a influé nécessairement sur les principes établis dans ces ouvrages. Aussi la théorie de l'acétification qu'on présenta alors ne sauroit plus être admise aujourd'hui; nous croyons inutile d'en donner ici la preuve. Bornons-nous à quelques réflexions générales sur la théorie du vinaigre, que nous a communiquées le citoyen *Prozet*, savant pharmacien et professeur à Orléans. Il a été à portée, plus qu'aucun chimiste, de suivre avec détail les fabriques de vinaigre, et de saisir tous les phénomènes qui précèdent, accompagnent, et suivent la fermentation acéteuse.

Parmi les différentes altérations dont le vin est

susceptible, une des principales est sans doute celle qui le change en vinaigre.

Si la température du lieu où l'on conserve le vin est très-basse, si les vaisseaux qui le contiennent sont imperméables à l'air, et qu'ils soient exactement pleins, le vin se maintiendra dans le même état, parce qu'il ne sera pas agité de ce mouvement intestin et lent qui sans cesse l'affine et le perfectionne. Le vin tenu dans un lieu frais, dans des bouteilles exactement fermées, s'y conserve pendant très-long-temps sans aucune altération. La fermentation lente qui se continue dans le vin est donc un mouvement qui, en décomposant le corps muqueux, en unit les principes avec des parties que l'air lui fournit.

Les expériences des chimistes modernes ne laissent aucun doute sur la nature de la portion de l'air ambiant qui se combine avec les parties du corps muqueux qui n'ont pas encore subi la fermentation vineuse. On sait maintenant que c'est la base de la masse de cette portion atmosphérique qui est la seule propre à entretenir la respiration, et qui, par cette raison, à reçu le nom d'air vital, et depuis, celui de gaz oxygène, à cause d'une autre de ses propriétés qui est de donner naissance à l'acidité dans un très grand nombre de ses combinaisons. Il paroît que le mouvement de fermentation insensible qui atténue de plus en plus le muqueux resté dans le vin, tend à mettre à nu le carbone et à l'unir à l'oxygène de l'air atmosphérique ; aussi observe-t-on qu'à diverses époques de ce mouvement fermentatif il y a une légère production, ou dégagement de gaz acide carbonique. L'art de conserver le vin ne consiste donc qu'à retarder le mouvement intestin de cette liqueur par un abaissement de température, et par l'exactitude à intercepter toute communication avec l'air extérieur.

Mais si le mouvement lent de fermentation qui, en atténuant les parties du vin, rend leur union plus intime et la liqueur plus homogène, reçoit une accélération par l'élévation de la température, alors, après les avoir divisées presque à l'infini, il les dispose à contracter de nouvelles combinaisons: et si l'air a un libre accès, il s'établit bientôt de nouveaux centres d'attraction élective. La transposition des principes du vin donne naissance à des êtres nouveaux. L'oxygène, se combinant abondamment avec de l'hydrogène et du carbone, produit l'acide acétique, ou vinaigre, tandis qu'une portion de ce même oxygène s'unissant à la partie extractive du vin et à du carbone surabondant, forment les *fèces* ou *lies* qui se précipitent toujours en plus ou moins grande quantité, suivant l'espèce de vin qui subit la fermentation acéteuse.

D'après ces principes, il est aisé d'apprécier

l'assertion de *Becher* qui prétend avoir converti du vin en vinaigre très-fort, en le faisant digérer pendant long-temps sur le feu, dans une bouteille fermée hermétiquement. S'il a réellement réussi, ce ne peut être que parce que la quantité du vin étoit très-petite, et que le vaisseau dans lequel il l'a fait digérer étoit très-grand. Alors la masse d'air qui y étoit renfermée a pu contenir suffisamment d'oxygène pour acidifier le vin employé; car, sans absorption d'air, il ne peut y avoir d'acidification du vin. C'est une vérité qui a été mise dans le plus grand jour par l'expérience de *Rozier.*

Nous pensons qu'il en est de même de l'expérience de *Homberg* qui assure avoir fait de bon vinaigre en brassant pendant trois jours une bouteille de vin qu'il avoit attachée pour cela au cliquet d'un moulin : il est également présumable que la majeure partie de la bouteille étoit vide : alors l'agitation violente, en mêlant les molécules de la liqueur avec celles de l'air, en aura multiplié les contacts. Les parties constituantes du vin et celles du gaz oxygène, rapprochées ainsi du centre de leur affinité respective, auront cédé à la tendance qui les porte les unes vers les autres; elles se seront combinées, et le vin aura été changé en vinaigre.

Ce n'est sûrement pas d'après la connoissance de ce qui se passe dans la fermentation acéteuse que se sont établies les opérations de l'art du vinaigrier. Cet art, qui sans doute est très-ancien, puisqu'il est fondé sur les besoins de l'homme, comprend une suite de procédés que l'on a toujours exécutés, plutôt par l'imitation que d'après les principes d'une pratique éclairée par la théorie. Cependant il est aisé de sentir combien les lumières que fournit la chimie sont essentielles pour les progrès de cet art, et pour l'explication des différences que présente le vinaigre, suivant la nature de la liqueur vineuse dont il tire son origine.

C'est cette science, en effet, qui nous apprend pourquoi les cidres, qui contiennent toujours des parties muqueuses non encore atténuées, et peu de parties spiritueuses, donnent un vinaigre plus foible que celui qui est fait avec le vin : pourquoi, parmi les différens vins, ceux qui abondent en parties colorantes extractives, et qui sont foibles, sont bien moins propres à produire un bon vinaigre que ceux qui sont foibles en couleur et très-spiritueux.

Différentes expérience exactes ont prouvé positivement que l'alkool, ou esprit-de-vin, contribuoit essentiellement à la formation et à la force du vinaigre ; elles ont démontré que les principes de ce produit de la fermentation vineuse avoient une singulière aptitude à se combiner, puisque, dans tous les procédés oxygénans auxquels on les a soumis, il y a toujours eu génération d'acide acétique. C'est à raison de cette disposition de la partie spiritueuse du vin, que *Cartheuser* assure qu'on peut augmenter de beaucoup la force du vinaigre, en introduisant dans le vin une certaine quantité d'eau-de-vie, avant de lui faire subir la fermentation acide. *Becher* avoit aussi reconnu la nécessité de la partie spiritueuse du vin, pour la formation du bon vinaigre. Il affirme, dans sa Physique souterraine, liv. 1, sect. 5, chap. 2, n°. 138, qu'on n'obtenoit qu'un vinaigre foible et imparfait, lorsque, par une coction lente, on faisoit évaporer l'esprit du vin qu'on vouloit changer en vinaigre.

Il est donc facile de concevoir que toute liqueur qui a subi complètement la fermentation spiritueuse doit nécessairement passer d'elle-même à la fermentation acéteuse, si elle se trouve dans les circonstances qui déterminent cette dernière. On sentira également que la manière de disposer et de conduire cette opération doit beaucoup influer sur la qualité du résultat.

Boerhaave a décrit un procédé très-bon pour faire promptement le vinaigre : il consiste à mêler le vin avec sa lie et son tartre, et à le verser dans deux cuves placées dans un lieu dont la température soit élevée de seize à dix-huit degrés au moins; à un pied ou environ du fond de ces cuves, on place deux claies sur lesquelles on met un lit de branches de vigne vertes, et par-dessus, des rafles de raisins, jusqu'à la hauteur des cuves. On distribue inégalement la liqueur dans ces deux vaisseaux, de manière que l'un soit plein, tandis que l'autre ne l'est qu'à moitié. Dans l'intervalle de deux à trois jours, la fermentation s'établit dans la cuve demi-pleine. On la laisse aller pendant vingt-quatre heures, après quoi on remplit cette cuve avec la liqueur de la cuve pleine. La fermentation se développe alors dans cette dernière; on la modère également au bout de vingt-quatre heures, en la remplissant avec la liqueur de l'autre cuve, et on répète ce changement toutes les vingt-quatre heures, jusqu'à ce que la fermentation soit achevée; ce que l'on reconnoît à la cessation du mouvement dans la cuve demi-pleine; car c'est dans cette dernière que se fait la combinaison des principes qui constituent le vinaigre.

La théorie du changement du vin en vinaigre, par ce procédé, est très-aisée à développer, d'après les observations de *Guyton-Morveau*. En général, dit-il, le vin passe d'autant plus vite à l'état de vinaigre, que la masse est plus petite, qu'elle est plus en contact avec l'air, et qu'elle éprouve plus de chaleur, pourvu cependant que cette chaleur ne soit pas portée à un degré capable

pable

pable de décomposer et de détruire plutôt que
de favoriser le mouvement spontané. La pile des
rafles et des rameaux, qui demeure exposée à l'air
dans le tonneau à moitié vide, présente une grande
surface à ce fluide ; la liqueur qui reste adhérente
à ces rameaux s'en imprègne par excès, et de là
vient la chaleur qu'elle éprouve, qu'elle communique d'abord à la masse intérieure, et qui se
répartit ensuite sur toute celle qu'on y ajoute,
quand on juge qu'il est temps de remplir le tonneau.

Cependant on ne peut se dissimuler que, si ce
procédé a l'avantage de procurer plus promptement le changement du vin en vinaigre, il n'ait
aussi l'inconvénient de dissiper un peu des parties
spiritueuses du vin ; car le gonflement, le frémis-
sement et le bouillonnement qui l'accompagnent
annoncent suffisamment que la chaleur est con-
sidérablement augmentée ; et par conséquent,
dans un vaisseau ouvert qui présente une grande
surface au contact de l'air, il doit y avoir aussi
une très-grande évaporation des parties volatiles
du vin.

La méthode que suivent les vinaigriers d'Orléans est bien préférable à celle que nous venons
de décrire La fermentation moins rapide, qu'ils
excitent dans la liqueur, lui conserve une espèce
d'odeur aromatique, qui contribue beaucoup à

L

la réputation du vinaigre qu'ils préparent, et qui la mérite sur-tout par le choix des vins blancs qu'ils y emploient.

ARTICLE II.

Conditions pour faire de bon vinaigre.

Depuis l'époque où la confection du vinaigre est devenue un art sujet à des lois, on a remarqué qu'il falloit plusieurs conditions pour déterminer la fermentation acéteuse et obtenir un résultat parfait. La première est le contact de l'air extérieur. Il s'agit, pour la seconde, d'une température supérieure à celle de l'atmosphère. La troisième consiste dans l'addition de matières étrangères aux liquides qu'on veut convertir en vinaigre, et qui, dans ce cas, exercent les fonctions de levain. Enfin, la quatrième et principale condition est que les liqueurs vineuses destinées à être transformées en vinaigre soient les plus abondantes en spiritueux.

Première condition. Il paroît maintenant démontré que l'accès de l'air extérieur pour l'acétification est indispensable ; mais quelques auteurs prétendent aussi que la seule chaleur peut opérer le changement du vin en vinaigre. Ils citent, à l'appui de cette assertion, l'expérience de *Becher*, de *Sthal* et d'*Homberg*, qui ont fait du vinaigre dans des vaisseaux clos. Mais, comme l'a observé le citoyen *Prozet*, ces expériences n'ont pu réussir qu'en raison de l'air contenu dans les vaisseaux où elles se faisoient ; à moins qu'on ne suppose que, pendant la durée de cette opération mécanique, une portion de l'eau constituant le vin n'ait éprouvé une décomposition qui ait donné lieu à la séparation de l'oxygène, lequel, comme on sait, est un des principes de ce fluide. L'expérience de *Rozier* prouve irrévocablement la nécessité de la présence de l'air, et elle ne laisse aucun doute sur ce que l'acétification ne soit toujours proportionnelle à la quantité d'air absorbée. D'ailleurs, les connoissances acquises sur la nature du principe acidifiant ont levé tous les doutes.

Deuxième condition. Le concours de la chaleur pour l'acétification est bien reconnu ; mais pour qu'elle opère l'effet désiré, il ne faut pas qu'elle passe de 18 à 20 degrés du thermomètre de *Réaumur.* Le citoyen *Prozet* connoit un vinaigrier qui, croyant que la chaleur étoit l'unique cause du passage du vin au vinaigre, en avoit conclu que, plus il élèveroit la température, et plus son vinaigre seroit acide ; en conséquence, il échauffoit son poêle de manière à avoir au moins 30 degrés de chaleur. Cependant, son vinaigre étoit constamment très foible. Consulté par le fabricant, le citoyen *Prozet* lui fit observer que l'élévation de la température qu'il maintenoit dans son atelier, en procurant l'évaporation de la partie spiritueuse du vin, occasionnoit la dé-

fectuosité de son vinaigre. Le vinaigrier a pro-
fité de l'avis, et, depuis, son vinaigre est excellent.

Cette observation ne suffit-elle pas pour démontrer combien sont vicieuses ces méthodes qui prescrivent de chauffer le vin jusqu'à le faire bouillir,
dans la vue d'accélérer la fermentation acéteuse?
elles dérangent ses parties constituantes, les déna-
turent, en dissipant la partie spiritueuse, la seule
appropriée pour l'acétification. Or, si dans cette
opération, le concours de la chaleur est essentiel
comme celui de l'air extérieur on doit régler l'un
et l'autre, car leur absence ou leur excès nuit directement à la perfection du résultat.

Troisième condition. Les moyens employés
pour favoriser la fermentation acéteuse, et connus
parmi les vinaigriers sous le nom de *mère de vinaigre*, sont, 1°. les lies de tous les vins acides;
2°. les lies de vinaigre; 3°. le tartre rouge et blanc;
4°. un vaisseau de bois que l'on a bien rincé avec
du vinaigre, ou qui en a renfermé pendant un
certain temps, ou le vinaigre lui-même; 5° du vin
qui a été mêlé souvent avec sa lie; 6°. les reje-
tons des vignes et les rafles de grappes de raisins,
de groseilles, de cerises, et d'autres fruits d'un goût
piquant et acide; 7°. du levain de boulanger après
qu'il est aigri; 8°. les différentes espèces de le-
vûres; 9°. enfin, toutes les substances animales et
leurs débris.

Mais de tous ces levains propres à faire du vinaigre, ceux qui appartiennent au règne animal, quoique vantés par plusieurs auteurs comme les plus actifs et les plus efficaces pour augmenter toute fermentation végétale, ne doivent pas être employés sans beaucoup de circonspection. Sans doute ils peuvent, en petite quantité, faciliter l'acétification à cause de leur tendance à la décomposition ; mais le vinaigre qui en résulte ne sauroit se conserver long-temps : la présence du gaz azote, de ce principe de l'animalisation, doit nécessairement déterminer de nouvelles altérations, et donner aux fluides, qui le contiennent, une grande tendance à la putréfaction.

Quatrième condition. Les vinaigriers d'Orléans, persuadés, d'après une longue suite d'expériences et d'observations, que le premier et le plus sûr moyen pour obtenir un vinaigre parfait, c'étoit d'y employer du vin de bonne qualité, poussent le choix à cet égard aussi loin qu'il peut aller ; ils ont remarqué que les vins d'un an sont préférables au vin nouveau, sans doute parce qu'ils sont dépouillés de lie, et que d'ailleurs la plus grande partie de la matière sucrée ayant passé à l'état spiritueux, l'acétification doit s'en mieux faire.

Plusieurs auteurs pensent au contraire que les vins tournant à l'aigre sont ceux qu'on doit préférer. Sans doute il faut bien en tirer parti quand il sont dans cet état de détérioration ; mais il n'en résulte toujours qu'un vinaigre fort médiocre pour l'odeur , le goût et les effets : ils ont éprouvé un commencement d'altération dans leurs principes constituans ; enfin, c'est une fermentation étrangère à celle du vinaigre.

Ceux qui partagent cette opinion et qui regardent les petits vins, les boissons vineuses connues sous le nom de *piquette*, comme les plus propres à faire le vinaigre, sont également dans l'erreur ; car il est prouvé que le vin le plus généreux est celui qui produit le plus de vinaigre de qualité supérieure ; que le petit cidre , la petite bière et les autres liqueurs peu abondantes en esprit-de-vin (alkool), donnent constamment des vinaigres foibles et de peu de durée.

Cependant, quoique l'esprit-de-vin soit nécessaire à l'acétification , nous sommes éloignés de penser qu'il fasse une des parties constituantes du vinaigre , et que ce dernier soit composé des mêmes principes que le vin. On sait qu'en distillant le vin , la liqueur qui reste au fond de la cucurbite ne produit plus qu'un vinaigre plat , d'une garde difficile. Il est acide , mais dépourvu de ce *gratter* particulier qui le caractérise.

Si, lorsque le vinaigre est parfait, on n'y retrouve plus l'eau-de-vie que le vin contenoit avant sa conversion en acide acéteux, ou qu'on y a ajoutée dans la vue d'augmenter sa force, on se tromperoit en imaginant qu'elle est si intimement combinée, qu'il paroit impossible de l'en dégager : mais elle a changé de nature dans l'acétification ; et l'on est bien convaincu maintenant que le fluide qu'on a pris pour de l'esprit de vin, et qui s'enflamme en chauffant jusqu'à l'ébullition le vinaigre radical, est le gaz inflammable, le gaz hydrogène.

D'après les expériences et les vues du citoyen *Chaptal*, qui a développé dans son *Essai sur le vin*, avec le génie qui lui est propre, tous les phénomènes de la vinification, il sera plus aisé encore de juger pourquoi les vins du midi, c'est-à-dire les plus riches en esprit, produisent les meilleurs vinaigres, et comment, en ajoutant de l'eau-de-vie (alkool) aux vins de bas aloi et aux autres liqueurs vineuses foibles ou passées, on parvient à obtenir un acide plus fort et d'une garde plus facile.

Mais nous en avons dit suffisamment pour montrer la différence des effets de la fermentation vineuse et de la fermentation acéteuse ; il convient d'exposer les méthodes d'après lesquelles on procède à la conversion du vin en vinaigre dans diverses contrées, en nous restreignant aux procédés les plus simples et les moins dispendieux, afin que tout bon économe puisse facilement, et à peu de frais, les mettre en pratique suivant ses ressources locales.

ARTICLE III.

Des manipulations pour faire les différens Vinaigres.

Avant d'indiquer les procédés pour faire les vinaigres, avouons-le : quoiqu'il soit vrai qu'il faille de bon vin pour faire de bon vinaigre, comme ce dernier a ordinairement, dans le commerce, une moindre valeur que le vin, malgré les frais des manipulations nécessaires pour l'amener à cet état d'acide, ce sont, la plupart du temps, des vins qui ne sont pas de débit comme tels, qu'on emploie communément à l'acétification.

Une remarque qu'on doit aux vinaigriers d'Orléans, c'est que les vins qui ont été soufrés ne sont pas propres à faire du vinaigre. Il y a lieu de penser que cette circonstance dépend de ce que l'acide sulfureux, en arrêtant la fermentation vineuse, a mis obstacle à la formation de la partie spiritueuse ; et, comme nous l'avons déjà dit, la force du vinaigre est toujours en raison de la quantité de cette partie spiritueuse : d'ailleurs il se peut aussi que les parties muqueuses qui n'ont pas encore pris le caractère vineux, lorsqu'on a arrêté le mouvement qui le détermine, passent subitement à l'état putride dès qu'on produit une chaleur capable d'exciter dans la liqueur une nouvelle fermentation ; cela paroît d'autant plus vraisemblable, qu'on ne peut concevoir la cessation du mouvement fermentatif dans le vin, par la présence de l'acide sulfureux, que par la combinaison qui a dû se faire des molécules de cet acide avec celles du muqueux non fermenté. Or, de ce nouvel ordre de choses, il doit nécessairement résulter un être nouveau qui n'est plus susceptible des modifications qui ne sont propres qu'à une de ses parties constituantes.

Premier procédé.

Lorsqu'un vinaigrier s'établit à Orléans, il tâche de se procurer des tonneaux qui aient déjà servi à la fabrication du vinaigre ; au défaut de ceux-ci, il en fait construire de neufs ; ces tonneaux nommés *mère de vinaigre*, lorsqu'ils sont abreuvés de cette liqueur, contiennent deux poinçons d'Orléans, ce qui revient à quatre cent dix pintes, mesure du pays, ou à quatre cent soixante-dix litres cinq cent vingt-six millilitres.

Ces tonneaux, placés les uns sur les autres, forment ordinairement trois rangées ; la partie supérieure du fond est percée à deux doigts du jable, et cette ouverture a deux pouces de diamètre ; elle reste toujours ouverte, afin de laisser un libre accès à l'air, et de recevoir au besoin la douille d'un entonnoir courbe qui sert à vider le vin dans la *mère de vinaigre*. Plusieurs vinaigriers ne mettent point de robinet à cet espèce de tonneau, ils se servent de la même ouverture pour le vider, lorsqu'il est plein, par le moyen d'une pompe ou siphon de fer-blanc. Ces trois rangées de tonneaux étant établies, le vinaigrier procède à la préparation du vinaigre, il commence par imbiber les tonneaux du levain ou ferment qui doit exciter dans le vin la fermentation acéteuse. Pour cet effet, il verse dans chaque *mère* cent pintes, ou environ cent douze litres de bon vinaigre bouillant, et l'y laisse séjourner pendant huit jours. Ce temps étant écoulé, il ajoute dans chaque *mère* un broc de vin contenant dix pintes, ou environ onze litres. Il continue, ainsi de huit jours en huit jours, à en verser la même quantité, jusqu'à ce que ses vaisseaux soient pleins; le vinaigrier laisse alors écouler un espace de quinze jours, avant de mettre le vinaigre en vente, et il a l'attention de ne jamais vider ses *mères*; elles restent toujours à moitié pleines, afin qu'en les remplissant successivement, elles puissent déterminer le changement du nouveau vin en vinaigre.

Voici les signes auxquels les vinaigriers reconnoissent que leurs *mères* de vinaigre *travaillent bien*, c'est-à-dire que la fermentation y est plus acéteuse. Ils ont soin d'introduire par le trou supérieur une règle de deux pieds de longueur, faite avec une douve de barrique; ils la plongent dans le vinaigre, et la retirent aussitôt; ils examinent le sommet de la partie mouillée, et s'ils y apperçoivent une espèce de ligne blanche formée par la fleur ou écume du vinaigre en fermentation, ils jugent que la *mère* travaille. Plus la ligne est large et fortement marquée, plus la *mère* travaille bien et a besoin d'être rafraîchie; alors ils la chargent plus souvent. Ils attendent, au contraire, et n'ajoutent point de nouveau de vin dans celle qui ne donne pas cet indice, ou qui le donne foible.

Un soin essentiel qu'il ne faut pas omettre est celui de n'employer qu'un vin très-clair. Pour se procurer cet avantage, le vinaigrier renferme cette liqueur dans des tonneaux où il a établi un râpé de copeaux de hêtre, afin que les surfaces étant plus multipliées, la lie fine puisse mieux y adhérer. C'est de ces tonneaux à râpé qu'il soutire le vin à mesure qu'il en a besoin. Cette pratique suffiroit seule pour détruire l'opinion où l'on est que la lie est un levain propre à exciter la fermentation acéteuse.

L'atelier du vinaigrier étant ordinairement placé dans un lieu très-aéré, la chaleur de l'atmosphère suffit, en été, pour convertir le vin en vinaigre; mais, en hiver, le vinaigrier a soin d'entretenir une température élevée de 18 degrés au moins,

par le moyen d'un poële qui est établi dans le milieu de l'atelier.

Deuxième procédé

On achète un baril de vinaigre de la meilleure
qualité, et on en tire quelques litres pour l'usage
domestique, qu'on remplace par une même quantité de vin bien clair; l'on bouche simplement le
baril avec du papier ou du liége appliqué légèrement : on le tient dans un endroit tempéré,
et tous les mois on en soutire la quantité sus-
mentionnée de vinaigre, en la remplaçant, comme
la première fois, avec du vin; le baril toujours
ainsi rempli fournit pendant long-temps du vinaigre
de toute perfection, sans qu'il s'y forme de mére
ni de dépôt sensible. Il y a encore, dans beaucoup
de ménages, du vinaigre dont la première fonda-
tion remonte au-delà de cinquante ans, et qui est
exquis.

Troisième procédé.

Avant de mettre les raisins dans la cuve, on
en égrappe une partie à proportion du vinaigre
qu'on veut faire. On met les grains et le jus dans
les cuves à vin; et on dépose les rafles dans un
vaisseau où elles s'échauffent et s'aigrissent pendant
que le vin se fait. On retourne ces rafles de temps
en temps, pour empêcher qu'elles ne chancissent ou
moisissent à la superficie. Quand le vin de la cuve

est fait, on le tire; et au lieu d'en rejeter d'abord une partie sur le marc, comme on le pratique dans quelques pays, on couvre le marc des rafles qui se sont aigries, et on répand sur le tout une partie du vin tiré, à proportion de ce qu'on veut avoir de vinaigre. On mêle bien les rafles et le marc avec des crochets ou autrement. Le marc ainsi remanié, l'aigreur des rafles se communique à toute la liqueur. La fermentation s'établit très-promptement, et le vinaigre est d'autant plus fort et plus excellent, que le marc se trouve plus chargé d'esprits. Plus il y a de marc par proportion à la quantité du vinaigre, et plus ce dernier a de force.

ARTICLE IV.

Vinaigres tirés des autres substances végétales ou animales.

§. I.

Vinaigre de Cidre.

Les habitans des cantons à cidre et à poiré font du vinaigre avec ces deux liqueurs. Il suffit pour cela de délayer dans une pièce de huit cents pintes (744 litres), six livres environ (2 kilogrammes 934 grammes) de levûre aigre faite avec du levain et de la farine de seigle qu'on délaie dans de l'eau chaude, et qu'on verse par le boudon ; après avoir remué le tout avec un bâton on le laisse tranquille, et il est rare qu'au bout de six à huit jours on n'ait un vinaigre de cidre d'une bonne force. Il est urgent de le soutirer dès qu'il est fait, étant plus sujet à devenir vappide que le vinaigre de vin.

Ce qu'on appelle dans la ci-devant Normandie petit cidre ou de la boisson, traitée de la même manière, devient facilement aigrelet, et fait un vinaigre foible à la vérité, mais agréable, préféré par les économes au vinaigre fort.

Plusieurs chimistes ont fait sur le vinaigre de cidre des expériences assez curieuses. Le cit. *Godde*, ancien commissaire des guerres, et à qui nous devons déjà d'intéressantes observations, a remarqué que, particulièrement le vinaigre de cidre, en conservoit l'odeur et le goût, de même que l'eau-de-vie qu'on en distille ; et que cette eau-de-vie, transportée en Afrique pour la traite des nègres, a eu la préférence sur l'eau-de-vie de vin, en sorte qu'il est quelquefois arrivé que la dernière s'est vendue moins cher que la première. Le citoyen *Thierry*, pharmacien distingué à Caen, a bien voulu, à notre prière, faire l'examen comparatif du vinaigre de vin avec le vinaigre de cidre. Le résultat est, que le premier contient cinq huitièmes de plus d'acide acéteux que le second. Il observe que celui-ci, à raison de son prix, qui année commune, coûte au plus sept centimes la pinte, offriroit un grand avantage dans le commerce. L'exportation s'en fait à Dunkerque; de là probablement il passe en Hollande; le bon marché le fait trouver excellent aux habitans peu aisés des cantons où on le fabrique. Ils l'emploient à confire les cornichons, la percepierre ou criste-marine, plante fort abondante sur les côtes, et qui, préparée ainsi, est portée dans l'intérieur de la France, et forme une branche de commerce.

§. II.

Vinaigre de Poiré.

Ce que nous venons de dire du vinaigre de cidre s'applique d'autant plus naturellement au poiré que cette liqueur vineuse est encore plus forte que le cidre; mais il existe un autre procédé pour faire l'un et l'autre. C'est sur-tout en Hollande qu'il est mis en pratique. On ramasse les poires qui tombent des arbres et commencent à se gâter; on les coupe par tranches et on les met dans un ou plusieurs tonneaux; on verse de l'eau par-dessus et on les expose au soleil.

Pour hâter et faciliter la fermentation, on ajoute du levain, ou mieux encore un peu d'acide tartareux, qui est à fort bon compte en Batavie; quand le vinaigre est suffisamment acide on le passe à travers un linge ; on le laisse reposer quelques jours : il se forme un dépôt plus ou moins considérable : on décante le vinaigre ou bien on le soutire avec un siphon, et on le conserve pour l'usage.

§. III.

Vinaigre de bière.

C'est celui qui est le plus généralement employé dans le nord de l'Europe , pour tous les usages auxquels le vinaigre est consacré. On peut le préparer avec la bière non fermentée, qu'on laisse travailler jusqu'à ce qu'elle soit arrivée à l'état de vinaigre, ou bien en prenant la bière toute vineuse, qu'on laisse exposée dans une température chaude, ou dont on accélère la fermentation à l'aide d'un levain fait de farine.

On prend parties égales, ou à peu près, de farine de seigle et de farine de blé noir. Cette dernière semence, avant d'être convertie en farine, doit avoir été préalablement mondée de sa tunique ou enveloppe extérieure, ce qui se fait avec beaucoup de facilité, au moyen d'un moulin à huile : la seule attention qu'il faut avoir , c'est de soulever un peu la meule verticale au-dessus de la meule horizontale. La première, mise alors en action par un cheval, comprime suffisamment

le

le blé noir pour détacher son enveloppe, qu'on enlève ensuite à l'aide d'un van.

On fait bouillir ces farines dans une suffisante quantité d'eau, pendant vingt-quatre heures ou environ, après quoi on verse la liqueur dans des cuves oblongues, à large ouverture, qu'on a soin de ne remplir qu'à demi, et de placer dans un lieu fort accessible à l'air. La température doit être au moins à 12 degrés. On laisse ces liqueurs en repos, ayant soin de les boucher lorsque le soleil est perpendiculaire aux cuves; et, quand ce vinaigre est suffisamment oxygéné, ce qui n'est pas très-long, on le soutire par le moyen d'un siphon de fer-blanc, et on le conserve dans des barriques de chêne. Ce vinaigre est blanc et parfaitement clair; les sophisticateurs se servent de baies de sureau, pour lui donner une couleur rouge.

§. IV.

Vinaigre de Malt.

On fait en Allemagne beaucoup de vinaigre, soit avec le malt de froment pur, soit avec le malt d'orge mêlé avec le malt de froment. Il y a, comme l'on sait, deux espèces de malt, soit de froment, soit d'orge; savoir, le malt séché à l'air, et le malt séché au four. Ces deux espèces sont nécessaires pour le vinaigre; cependant on em-

M

ploie le premier en plus grande quantité que le second. La proportion la plus usitée est de prendre deux parties de malt d'orge et une de malt de froment; savoir de chacun de ces malts, le tiers desséché au four, les deux autres tiers desséchés à l'air. L'expérience prouve que cette proportion est à tous égards la meilleure.

On fait alors bouillir de l'eau dans un grand chaudron; quand elle bout, l'on en met quarante pots dans une cuve; on remue l'eau jusqu'à ce qu'elle ait un peu perdu de sa chaleur; alors on verse peu à peu dans cette cuve le malt grué, et l'on a soin de bien remuer le tout avec des bâtons, jusqu'à ce que tout soit bien défait et bien mêlé avec l'eau; pour lors, on recouvre la cuve; ensuite on fait bouillir de l'eau; on met la pâte de cette cuve dans un cuveau qui a deux pouces de son fond; on en a un autre percé de trous et recouvert de paille. On verse de l'eau bouillante dessus, on couvre la cuve, on laisse le tout pendant une heure et demie, après quoi, par un robinet placé entre les deux fonds, on soutire la liqueur. On remet sur le malt de l'eau bouillante, et on répète ce procédé plus ou moins de fois avec plus ou moins d'eau, suivant la force que l'on veut donner au vinaigre.

On met dans des tonneaux la liqueur qu'on a soutirée, et lorsqu'elle est refroidie, et qu'elle

a déposé, on la met dans des cuves munies de
leurs couvercles: on y ajoute de la lie de bière,
on les recouvre, et quand la liqueur a fermenté,
qu'elle est claire et que l'écume s'est bien formée,
ce qui arrive au bout d'une dixaine d'heures,
on enlève soigneusement l'écume, on met la liqueur clarifiée dans des tonneaux qu'on a rincés
avec du bon vinaigre, et on la laisse fermenter,
en y ajoutant du levain, ou quelqu'autre ferment.
S'il se forme de nouvelle écume, on la sépare;
on obtient par-là un très-bon vinaigre.

§ V.

Vinaigre avec le son de froment.

L'eau sûre qui se forme pour détruire la portion d'amidon que la meule et le blutage n'en ont
pu enlever; cette eau, que d'autres ouvriers préparent en délayant du son dans l'eau, est évidem-
ment très acide, et n'auroit besoin, pour tenir
lieu de vinaigre de vin, que d'être plus concentrée.

On prend du son de froment, et à son défaut
celui de seigle; on en fait une décoction dans de
l'eau de rivière, que l'on a soin de passer, pour
en séparer toute la partie corticale. On en remplit un tonneau: on y délaie ensuite un levain
de huit jours, et la fermentation s'établit en moins

de vingt-quatre heures. Lorsqu'on s'apperçoit que l'écume qui sort par le bondon commence à s'affaisser, on bouche exactement le tonneau; on laisse déposer la liqueur pendant quelques jours; pour lui donner le temps de s'éclaircir. Lorsqu'on a pris quelques précautions pour ne laisser contracter aucune mauvaise odeur au son, cette liqueur est assez agréable, et sa saveur est vineuse, tirant sur l'aigre: c'est enfin la limonade des habitans de la campagne, lorsque la saison et les travaux demandent l'usage d'une boisson désaltérante.

§. VI.

Du Verjus.

Si le hasard est la cause vraisemblable de l'art de convertir en vinaigre les vins qu'on remarquoit tourner à l'aigre, la simple observation a dû, long-temps avant qu'on perfectionnât l'art du vinaigrier, apprendre que certains fruits on conservent une saveur aigrelette agréable, ou la possèdent avant d'acquérir leur parfaite maturité. Les groseilles, l'épine-vinette, et sur-tout le raisin, avant de tourner, ont ce goût acide.

Parmi les espèces de raisins cultivées, il en est une qui ne parvient jamais, dans nos climats, qu'à une maturité imparfaite; on la nomme *verjus*. Elle est choisie de préférence pour fournir son suc; et voici comment.

Quoique le verjus ne puisse être considéré à la rigueur comme un véritable vinaigre, puisqu'il n'est pas le produit de la fermentation acéteuse; c'est un acide malique plus ou moins pur que la pression sépare des raisins encore verds et qu'on fait dépurer par un léger mouvement de fermentation vineuse.

Il n'est pas difficile à faire; il s'agit seulement de prendre le raisin qui porte ordinairement ce nom, de l'écraser avant sa maturité et de le laisser ainsi fermenter dans un vaisseau, à découvert, environ trois décades; après, on exprime le suc par le moyen d'une presse; on le laisse se dépurer pendant vingt-quatre heures; on le filtre à travers le papier et on le conserve pour les différens usages, en mettant une couche d'huile par-dessus.

On fait avec le verjus plusieurs mets assez recherchés. Ils portent son nom. Si on a laissé le verjus exposé au soleil, sur plusieurs assiettes, jusqu'à ce qu'il soit desséché et que l'extrait qui en résulte, soit conservé dans des bouteilles bien fermées; on peut, avec plein un dé de cet extrait, faire des œufs délicats au verjus, dans toutes les saisons.

On fait en outre avec le verjus un sirop fort agréable, en y faisant fondre vingt-huit onces de sucre (855 gram.) par livre d'acide (480 gram.)

§ VII.

Vinaigre d'Hydromel.

On voit que du temps de *Pline* on lavoit les ruches à miel après les avoir dégarnies, et que l'eau qui avoit servi à cette opération, bouillie et rapprochée par l'évaporation, se convertissoit en un bon vinaigre produit du miel que cette eau avoit enlevé : c'étoit donc un vinaigre d'hydromel.

Il n'est pas douteux qu'en appliquant à l'hydromel vineux toutes les opérations du vinaigrier, on ne parvienne à en préparer un très-bon vinaigre ; il ressemble assez bien à ceux faits avec les vins muscats et autres vins sirupeux.

Le vin de Cannes laissé trop long-temps à l'air avant d'être exposé au feu, ne tarde pas à fermenter, et c'est même la facilité à s'aigrir, qu'il possède, qui a fait donner le nom de vinaigrerie à la portion de l'atelier du fabricant de sucre où se met en réserve ce vin ou suc de cannes. En un mot, tous les fruits prennent facilement le caractère de vinaigre : le corps moqueux sucré qu'ils contiennent les rend propres à cette préparation. Il n'y a pas jusqu'aux matières mucilagineuses, insipides, qui, traitées d'une certaine manière, ne fournissent une liqueur acide.

§ VIII.

Vinaigre de lait.

Quoique le sérum du lait aigri ne puisse être considéré comme un véritable vinaigre, il n'en est pas moins certain que dans une foule de circonstances il peut le suppléer, soit comme assaisonnement, ou pour servir de boisson, à l'instar de la limonade. Le procédé de *Scheele*, pour faire du vinaigre de lait, consiste à ajouter six cueillerées à bouche de bonne eau-de-vie, à un pot de lait, à placer le mélange dans une bouteille bien fermée qu'on expose dans un lieu chaud; on a l'attention de donner de temps en temps issue à l'air dégagé par la fermentation, en débouchant le vase un instant, tous les cinq ou six jours. Le lait, un mois après, se trouve changé en un bon vinaigre qui, passé par un linge, peut être gardé en bouteilles.

Les habitans des campagnes font une liqueur qui approche du vinaigre en faisant fermenter le petit-lait, et c'est avec ce vinaigre qu'ils font ce qu'ils appellent le *séré*. En suivant le procédé ci-dessus, il est à présumer qu'avec le petit lait que rend le fromage, on obtiendroit, à très-peu de frais, un vinaigre supérieur à celui que fournit le lait pur.

M 4

Il est d'observation que pour rendre le vinaigre de lait plus acide et plus clair, les Hollandois des cantons où l'on en prépare, font bouillir leur lait de beurre avec un peu de présure.

On a enchéri depuis sur le procédé de *Scheele*, en ajoutant au mélange du miel commun. Le fluide qui en résulte se clarifie plus facilement, devient d'une belle couleur et d'une saveur agréable, sur-tout si on y met infuser de l'estragon, de la menthe ou de la fleur de sureau dont il prend mieux encore l'aromate que le vinaigre de vin.

§ I X.

Des Acides végétaux substitués au vinaigre.

Depuis que la nature du vinaigre a été mieux connue, on est parvenu à en faire d'excellent avec une foule de matières pures ou mélangées, dans lesquelles on ne soupçonnoit pas auparavant l'existence de principes propres à former un acide comparable au vinaigre de vin pour les propriétés économiques.

On sait que le citoyen *Chaptal* a trouvé que de l'eau imprégnée de gaz acide carbonique vineux, donnoit du vinaigre au bout de quelques mois, et qu'il s'en précipitoit un dépôt floconneux de matière fibreuse moins abondante, à la vérité, que celle qui se trouve toujours formée par la préparation ordinaire de cet acide.

On peut sans doute se procurer encore des vinaigres au moyen des sucs de groseilles, d'épine-vinette, de grenades, d'airelle ou myrtil, des sèves sucrées de certains arbres ; enfin, avec toutes les substances gommeuses, mucilagineuses, et amylacées ; mais nous ne finirions pas si nous cherchions à étendre le nom de vinaigre aux différentes liqueurs qui ont subi le second degré de la fermentation vineuse, et si nous voulions raconter, d'après les voyageurs, toutes les ressources, tous les procédés, que les nations, qu'ils ont visitées, emploient pour obtenir des acides analogues au vinaigre.

On sait que les Hollandois consommoient autrefois beaucoup de vinaigre, soit pour leurs fabriques de sel de Saturne et de Verdet distillé, soit pour en approvisionner leurs colonies ; mais la rareté des vins dans leurs provinces autorisoit à soupçonner qu'ils avoient le secret de faire le vinaigre sans vin, comme si leur bière, ou les matériaux qu'ils y emploient, ne suffisoient pas pour donner à l'acétification un assez bon produit. Indépendamment de tous les vinaigres dont il a été question dans cet article, cette nation laborieuse et économe en prépare encore pour sa consommation avec des raisins secs et d'autres fruits ; ils associent même différentes substances pour obtenir de nouveaux vinaigres ; voici une de ces recettes.

Prenez soixante livres (29 kilogram.) de groseilles blanches, cinq livres (2 ½ kilog.) de sucre demi-blanc, demi-livre (244 gram.) de crême de tartre , cent pintes (93 litres) d'eau de pluie. On écrase les groseilles dans un mortier de bois ou de pierre ; on les met dans une suffisante quantité d'eau pour en extraire toute la partie succulente ; on passe le tout par un tamis de crin ; on le jette dans un tonneau qui puisse contenir les cent pintes ; on y ajoute le sucre et la crême de tartre. On mêle bien le tout , et on expose le tonneau au soleil jusqu'à ce qu'il ait fermenté ; après cela on bouche bien le vase , et on s'en sert pour l'usage.

Il existoit en Hollande , au moins avant la révolution , des maisons millionnaires qui n'avoient d'autres branches de commerce que la partie des vinaigres qu'elles exportoient dans leurs possessions coloniales. Ces vinaigres étoient assez forts pour supporter les voyages de long cours. La base de ces vinaigres étoit le seigle , et ils y ajoutoient des féveroles , c'est-à-dire de grosses fèves qui se cultivent dans les environs d'Armentières , et que les Hollandois venoient y acheter. Cette branche de commerce seroit très-fructueuse au départe-

ment de la Somme qui, par sa position, sa cul-
ture, et le génie industrieux de ses habitans, ne
négligeroit rien pour en étendre de plus en plus les
débouchés.

ARTICLE V.

Des moyens de conserver le Vinaigre.

Comme le vinaigre est le produit d'une fermentation, la manière de gouverner cette fermentation contribue infiniment à la qualité et à la conservation du résultat. Mais malgré le choix du vin
et la bonté du procédé employé pour sa transfor-
mation en vinaigre, ce dernier peut facilement
s'altérer si on néglige l'emploi de quelques moyens
dont nous devons faire connoître les principaux.

Premier moyen. Il consiste à tenir le vinaigre
à l'abri de toute l'influence de l'air extérieur, dans
des vases propres, bien bouchés, dans un lieu frais,
et sur-tout à ne jamais le laisser en vidange; le
plus léger dépôt suffit pour l'altérer, même dans
des vases parfaitement clos. Il y produit à peu-près
le même effet que dans les vins sur lesquels ces
dépôts ont une action insensible, et concourent à
faire passer ceux-ci à l'état d'un véritable vinaigre.
Pour le conserver dans toutes ses qualités, il faut
donc que les vases destinés à le contenir soient
fort propres.

Deuxième moyen. C'est le plus simple qu'on

puisse employer; il suffit de jeter le vinaigre dans
une marmite bien étamée, de le faire bouillir un
moment sur un feu vif, et d'en remplir ensuite
des bouteilles avec précaution, pour conserver
clair et sain cet acide pendant plusieurs années.
mais le vase dans lequel ce procédé a lieu pourroit
exposer à quelques inconvéniens pour la santé:
il vaut mieux recourir à celui que *Scheele* nous
a fait connoître. Il consiste à remplir de vinaigre
des bouteilles de verre, et à placer ces bouteilles
dans une chaudière pleine d'eau sur le feu. Quand
l'eau a bouilli un quart d'heure, on les retire. Le
vinaigre ainsi chauffé se conserve plusieurs années,
aussi bien à l'air libre que dans des bouteilles à
demi-pleines.

Troisième moyen. Pour conserver le vinaigre
des temps infinis, et le mettre à l'abri des variations
de l'air et de la température, il faut en séparer
la partie muqueuse extractive par la distillation;
mais comme cette préparation devient coûteuse,
et que d'ailleurs le vinaigre perd nécessairement
de son premier goût agréable qu'on aime à trouver dans l'assaisonnement et les autres usages du
vinaigre, il y a grande apparence qu'on ne se
décidera point à adopter un moyen coûteux et
destructeur de l'odeur.

Quatrième moyen. Le vinaigre employé aux
usages économiques est assez ordinairement foi-

ble, comparativement à celui qui provieht des vins méridionaux. Ce défaut devient infiniment plus sensible, quand on l'a encore affoibli par des plantes aromatiques. L'hiver est la saison qui offre le moyen de convertir en un vinaigre très-fort du vinaigre ordinaire; c'est de l'exposer, suivant le procédé simple donné par *Sthal*, à une ou plusieurs gelées, dans des terrines de grès; on enlève successivement les glaçons qui s'y forment, et qui ne contiennent que les parties les plus aqueuses qu'on rejette. Mais ce procédé élève très-haut le prix du vinaigre, et les personnes peu aisées n'en feront aucun usage : cependant on pourroit appliquer avec avantage l'action de la gelée à des vinaigres foibles, qui ne sont pas susceptibles de se garder.

Cinquième moyen. L'eau-de-vie, *alkool*, est l'un des puissans moyens pour conserver les vinaigres aromatiques. Le citoyen *Demachy*, dans son *Art du Vinaigrier*, conseille à ceux qui forment des provisions de ces vinaigres d'ajouter sur chaque livre de liqueur une demi-once au plus d'eau-de-vie : cet esprit ardent rend l'union plus intime entre l'arome et le vinaigre, et garantit celui-ci de l'accident de se décomposer, si, par hasard, les plantes qu'on y a mises fournissent trop de phlegme, malgré leur dessiccation préalable. Mais un autre effet de l'alkool sur le vinaigre c'est de fournir des élémens nécessaires à l'acétification qui continue dans le vinaigre, à-peu-près comme quand on ajoute de temps en temps du vin au vinaigre perpétuel.

Sixième moyen. Le sel marin (*muriate de soude*) qu'on conseille encore d'ajouter au vinaigre, et sur-tout aux vinaigres composés, pour prévenir leur détérioration, n'opère cet effet qu'en s'emparant de l'eau qu'il contient, et en la mettant dans l'impuissance d'agir sur les différentes substances mêlées avec l'acide acétique, comme elle agiroit nécessairement, si elle étoit libre; cependant il ne faut pas croire que cet effet puisse être durable, puisqu'il est prouvé qu'à la longue le vinaigre auquel on a ajouté du sel, finit aussi par s'altérer, en présentant cependant, dans sa décomposition, des phénomènes différens de ceux qui ont toujours lieu quand le vinaigre n'a point été salé. Au reste, il seroit peut-être utile de s'assurer, par des expériences exactes, de la quantité de sel qu'il conviendroit d'ajouter à chaque espèce de vinaigre, en supposant que cette addition pût en prolonger la durée; car toutes ne contenant pas une quantité égale d'eau, il seroit superflu d'en employer toujours dans la même proportion.

ARTICLE VI.

Des signes auxquels on reconnoît que le vinaigre est bon, falsifié, ou gâté.

Le meilleur vinaigre doit être d'une saveur acide, mais supportable; d'une transparence égale à celle du vin, moins coloré que lui, conservant au reste une sorte de parfum, un montant, un spiritueux, en un mot, un *gratter* qui affecte agréablement les organes. C'est sur-tout en le frottant dans les mains que ce parfum se développe.

La cupidité de certains fabricans de vinaigre les porte souvent à employer des vins foibles, ou qu'ils savent extraire des lies. Le procédé par lequel il obtiennent ces derniers, dissipe les parties essentielles à la confection du bon vinaigre. Ces lies épaisses et visqueuses sont versées dans un chaudron placé sur le feu; la chaleur détruit leur viscosité; alors elles sont enfermées dans un sac, et à l'aide d'une presse, on en exprime facilement tout le liquide. Cette espèce de vin est versée sur un rapé de copeaux pour l'éclaircir. Il est aisé de voir que l'action de la chaleur ayant dissipé le peu d'esprit que ce vin contenoit, il ne peut fournir qu'un vinaigre médiocre et très-foible.

Le fabricant, qui emploie ces moyens, sait très-bien que le vinaigre qu'il prépare est inférieur en qualité ; mais aussi il sait en relever la saveur par le moyen des substances âcres, telles que la *pyrèthre*, le *galéga*, et sur-tout le *piment*, ou poivre d'Inde, *capsicum annuum*. L'acheteur, qui goûte ce vinaigre, se sent la bouche en feu, et attribue à l'acidité, ce qui n'est que l'irritation violente, que ces substances excitent sur l'organe du goût. Aussi, lorsqu'on n'est pas parfaitement connoisseur, il ne faut jamais s'attacher à la saveur, quand on achète du vinaigre, parce que les indications qu'elle fournit sont souvent illusoires. La saturation d'une certaine quantité de vinaigre par la potasse est le moyen le plus sûr que l'on puisse employer pour comparer la qualité des vinaigres. Une once, ou 30 grammes 572 milligrammes de cette liqueur, exige ordinairement 60 grains ou 9 grammes 184 milligrammes de cet alkali ; tandis que la même quantité de ces vinaigres sophistiqués, qui, par leur saveur brûlante, paroissent si forts, est saturée avec 24 grains ou 1 gramme 272 milligrammes de ce sel.

Lorsque, pour augmenter l'acidité de leur vinaigre, les ouvriers auront employé l'acide sulfurique, il sera facile de démasquer cette fraude, en goûtant le vinaigre : il agacera les dents, et exhalera, en le brûlant sur du charbon de terre, l'odeur de l'acide sulfureux. Si on le sature avec la

potasse

potasse, ou en obtiendra, par la cristallisation, au lieu d'une acétite de potasse, un sulfate de potasse.

On falsifie aussi le vinaigre avec l'acide muriatique (esprit de sel). Cette falsification est assez difficile à reconnoître au goût. On peut s'en assurer par la dissolution d'argent, que l'acide muriatique précipite en blanc. Mais il est une falsification presque impossible à reconnoître, plus tolérable, sans doute, puisqu'elle a l'acide propre du vin pour base. Elle consiste à faire bouillir, dans un vaisseau de terre, du tartre avec l'acide sulfurique. Cet acide s'unit avec l'alkali, et en sépare l'acide. On obtient par ce moyen une liqueur très-acide, contenant l'acide du tartre à nu, dont quelques gouttes suffisent pour bonifier une certaine quantité de mauvais vinaigre. C'est avec cette liqueur mêlée à l'eau que l'on fortifie le verjus, le jus de citron, etc.

Il y a une foule d'autres sophistications employées pour procurer au vinaigre une saveur âcre et brûlante que l'on confond souvent avec la saveur fraîche, acide, forte, et pénétrante que doit avoir cet acide, quand il a les qualités requises; mais il convient peut-être de n'en point parler, dans la crainte de les apprendre à quiconque les ignoreroit; d'autant mieux qu'il n'est pas facile d'offrir des pierres de touche pour déceler ces fraudes, sans des examens auxquels chacun ne peut se livrer. On reconnoît plus aisément la pureté du vinaigre, en l'exposant simplement à l'air libre. S'il s'y amasse beaucoup de moucherons, connus sous le nom de *mouches à vinaigre*, c'est une preuve que le vinaigre est pur, et la quantité de ces moucherons décèle sa force.

Mais, comme nous l'avons déjà dit, le vinaigre, sur-tout celui provenant des vins foibles, ne peut se conserver long-temps en bon état : il s'altère, sa transparence se trouble, et bientôt il se recouvre d'une pellicule épaisse, visqueuse, qui détruit insensiblement sa force, au point qu'on est obligé de le jeter.

Cette espèce de couenne, formée à la surface du vinaigre qui s'altère, ne se fait remarquer principalement que dans ceux qui ont été faits avec le suc de raisin, ou dans lesquels on a déterminé la fermentation, au moyen des lies de vin ou du tartre; il paroît vraisemblable, d'après cette observation, que c'est ce dernier sel qui contribue à sa formation. Voici une expérience qui semble le prouver.

En mettant en digestion, dans une certaine quantité d'eau, à une douce chaleur, du tartre en poudre, on voit quelquefois se former à la surface du liquide surnageant, une couenne ou pellicule semblable à celle qui recouvre le vinaigre qui s'altère ; mais on remarque en même temps, qu'à mesure que la pellicule se forme, le tartre se décompose, de manière qu'il est possible d'opérer complètement sa décomposition, en favorisant la reproduction de cette pellicule, et l'enlevant à mesure qu'elle a acquis une sorte d'épaisseur. En général, on remarque que les vinaigres à la surface desquels ces pellicules sont voisines de leur formation, deviennent, en effet, troubles, foibles, et ne peuvent plus servir aux usages ordinaires.

ARTICLE VII.

Application du vinaigre à la conservation des viandes.

On sait que toutes les substances animales ont une grande tendance vers la fermentation putride, et dès qu'elles ont commencé à la subir, elles sont déjà en partie décomposées : par conséquent tellement différentes de ce qu'elles étoient auparavant, qu'on ne reconnoît plus ni leur saveur, ni leur odeur, ni leur consistance naturelle.

Dans le nombre des moyens imaginés pour arrêter ou prévenir ces altérations, le vinaigre tient le premier rang ; aussi les cuisinières qui veulent conserver ou améliorer les viandes ont grand soin de les laisser macérer pendant deux fois vingtquatres heures dans cet acide, pour les rendre plus tendres, et corriger ces saveurs rudes et ammoniacales qu'on trouve souvent au gibier, et même à la chair des bestiaux de boucherie, sur-tout au temps du rut ; mais il faut convenir qu'en sortant de cette espèce de saumure ou marinade, ces viandes n'ont plus la saveur qui leur appartient ; car, quel que soit le moyen qu'on emploie, le vinaigre se fait toujours remarquer ; et si quelquefois on en aime le goût, on désireroit le plus souvent qu'il ne fût pas aussi sensible.

Voici un procédé qui conserve fort bien, pendant quelques jours, les substances animales au milieu des chaleurs excessives de l'été, et les préserve de leur tendance naturelle à la corruption ; il nous a paru mériter d'autant mieux de trouver place dans cet ouvrage, qu'il n'est pas aussi connu qu'il devroit l'être. On laisse macérer dans le lait caillé des viandes de toute espèce ; non seulement elles conservent tout leur caractère, mais on remarque qu'elles acquièrent plus de disposition à se cuire, qu'elles deviennent plus délicates et plus faciles à digérer. Cette pratique, adoptée dans les départemens du Haut et du Bas Rhin, offre aux habitans des petites communes rurales, où les bouchers ne tuent qu'une fois ou deux fois par décade, l'avantage de manger les viandes dans un état frais.

ARTICLE VIII.

Application du vinaigre à la conservation des fruits et légumes.

Le besoin des acides pour l'homme est si impérieux, qu'il va les chercher avec une espèce d'avidité dans toutes les parties des végétaux; souvent même en détruisant, par la fermentation, le corps muqueux qui constitue certaines plantes, il parvient à leur donner un caractère aigrelet en les rendant d'un usage plus agréable et plus salutaire.

Il paroît que les premiers fruits qu'on a essayé de confire au vinaigre, sont les boutons de fleurs du caprier, avant leur épanouissement, et les jeunes fruits d'une variété de concombre appelés *cornichons*. La manière dont on procède à leur préparation a été décrite aux articles qui traitent de ces deux végétaux, et il y a apparence que c'est à leur imitation qu'on a imaginé ensuite de traiter de la même manière les boutons de capucine, les épis encore tendres du maïs, les haricots verds, les oignons, les culs d'artichauts, les champignons, les cerises, et beaucoup d'autres substances végétales également muqueuses, en observant toujours de les faire blanchir dans l'eau bouillante, pour, d'une part, combiner leurs principes et les mettre en état de conserver leur forme, et, de l'autre, pour mieux prendre le vinaigre. C'est ainsi qu'on parvient à confire ensemble tous les fruits charnus avant l'époque de leur parfaite maturité, et à les présenter sur nos tables, sous le nom de *macédoine*.

On ne peut se dispenser de convenir que les mets aigrelets, loin de les regarder comme des alimens de luxe, ne soient très-salutaires dans certaines circonstances, et que leur usage ne prévienne les maladies inflammatoires ou scorbutiques. Pourquoi les fermiers dédaigneroient ils de former des provisions de ce genre et d'en distribuer de temps en tems à leurs ouvriers pour assaisonner agréablement leurs mets? C'est dans cette vue que nous allons rapporter la manière de confire les betteraves qui, dans cet état sont fort du goût des Allemands, servies sur leurs tables en même-temps que le potage.

Betteraves confites au vinaigre.

On expose les betteraves au four, dès que le pain en est ôté; on les coupe par tranches minces; on les met dans un pot, et on verse assez de vinaigre pour les recouvrir, ayant la précaution d'y ajouter un peu de sel; mais comme on remarque que les betteraves confites ainsi ne se conservent pas long-temps, et que le vinaigre, en quinze ou vingt jours, a pu cesser d'être acide et a, par conséquent, perdu toute sa force, on a grand soin de n'en confire que peu à la fois; ou bien, lorsque cet inconvénient a lieu, on renouvelle le vinaigre, parce qu'alors il n'agit plus sur le tissu de la racine déjà assez imprégnée et combinée avec l'acide. Cette précaution devient même indispensable si on veut conserver, un certain temps en bon état, les fruits confits au vinaigre.

Nous ferons ici cette question : Pourquoi les fruits et les légumes qu'on met confire dans du vinaigre absorbent-ils la partie la plus acide de ce fluide, comme ils absorbent l'alkool, quand c'est l'eau-de-vie qui leur sert de véhicule, et donnent-ils en échange de cette acquisition, l'eau qui les constitue ?

Pour rendre raison de ce phénomène, il suffit de connoître la propriété qu'a l'acide acétique et généralement tous les acides de se porter sur la gélatine, de se combiner avec elle et souvent même de lui faire prendre la forme concrète. Or, comme tous les fruits qu'on met confire dans le vinaigre contiennent une certaine quantité de gélatine, il ne doit plus paroître surprenant de voir l'acide acétique quitter l'eau avec laquelle il se trouve mêlé dans le vinaigre, pour venir se réunir avec cette gélatine.

N 4

Une chose essentielle à remarquer, c'est que dans cette espèce de combinaison, l'acide se trouve toujours en excès, à-peu-près comme dans certains sels que nous retirons de quelques végétaux. De même que l'excès d'acide de ces sels ne peut être séparé de la base à laquelle il est uni sans opérer la décomposition des sels, de même aussi la séparation de l'excès d'acide dont se surcharge la gélatine, ne peut pas avoir lieu sans décomposer la combinaison dont il s'agit.

Cette propriété qu'a la gélatine de former avec certains acides des combinaisons dans lesquelles l'acide se trouve en excès, n'est pas une hypothèse; on peut la prouver par des expériences directes et positives; il nous suffira de citer l'exemple suivant.

Si on mêle une très-petite quantité d'acide sulfurique avec de l'huile de lin, aussitôt cet acide se porte sur la gélatine ou mucilage que contient cette huile; il s'y unit fortement, et forme avec lui un corps qui peu-à-peu se sépare. Examine-t-on ensuite ce corps ? on trouve qu'il est acide, et qu'il a absorbé seul tout l'acide qu'on a employé, que l'huile reste douce, et qu'enfin l'adhérence de cet acide avec la gélatine qui lui sert de base est si forte, qu'il est impossible de la rompre sans opérer la décomposition de la combinaison qui s'est faite.

Il ne faut pas douter que les fruits confits dans le vinaigre n'offrent le même phénomène. Tout l'acide acétique en s'unissant avec le corps gélatineux, doit donc nécessairement donner à ces fruits une saveur décidément aigre, tandis que le vinaigre qui les surnage reste à peine acide. C'est peut-être aussi l'action qui exerce à son tour cette espèce de combinaison, avec excès d'acide, sur toutes les parties des fruits dont elle est environnée, qu'est due la consistance ferme qu'acquièrent assez généralement ces mêmes fruits, lorsqu'on les laisse macérer pendant quelque temps dans le vinaigre.

Au reste, la propriété qu'a la gélatine des fruits, d'absorber l'acide acétique, ne lui appartient pas exclusivement, puisqu'on remarque qu'elle a aussi lieu pour la viande.

En effet, et nous l'avons déjà fait observer, on sait qu'en mettant macérer de la viande dans du vinaigre, elle prend assez promptement une saveur acide qu'il est difficile de lui faire perdre en la lavant, même à plusieurs reprises, dans de l'eau chaude.

Nous concluons de ce qui précède, que la propriété qu'ont certains fruits de séparer la plus grande partie de l'acide acétique que contient le vinaigre dans lequel on les fait macérer, ne peut

être expliquée autrement qu'en admettant la grande
affinité qu'a cet acide avec la gélatine ; affinité qui
permet que l'acide s'unisse en excès avec cette
gélatine, et forme avec elle une espèce de combinaison analogue, sous certains rapports, à celle
que nous extrayons de quelques végétaux, et que
nous connoissons sous le nom de sels avec excès
d'acide.

ARTICLE IX.

Des vinaigres aromatiques.

Après avoir parlé de la conservation des
viandes et des fruits dans le vinaigre, nous allons indiquer le moyen de charger ce fluide de
la partie odorante et sapide des différentes parties de végétaux qu'on emploie souvent en entier,
dans leur saison, comme assaisonnement. Les at-
tentions générales que méritent les plantes, avant
d'être mises à infuser dans le vinaigre, sont d'a-
bord de ne les cueillir que dans le temps de leur
vigueur ; de les éplucher, de les monder, de les
diviser, de les priver de leur humidité surabondante par une dessiccation toujours prompte. Si
on les employoit fraiches, leur eau de végétation
passeroit bientôt dans le vinaigre en échange de
l'acide que celui-ci leur fourniroit, ce qui dimi-
nueroit son action et le mettroit bientôt dans le cas
de s'altérer. Une autre considération, c'est que le

vinaigre blanc doit être employé de préférence pour les vinaigres aromatiques ; que les plantes n'y séjournent que le moins de temps possible ; et que, quand une fois l'acide est chargé suffisamment de tout ce qu'il peut en extraire, il faut se hâter de l'en séparer. Voici quelques exemples de ces vinaigres, dont on connoît des recettes sans nombre ; mais l'estragon, le sureau et les roses ayant été les premiers végétaux dont on ait fait passer l'odeur dans le vinaigre, il convient de les indiquer d'abord. Nous passerons ensuite à des vinaigres plus composés, d'un usage également général.

Vinaigre d'estragon.

Après avoir épluché l'estragon, on l'expose quelques jours au soleil ; on le met dans une cruche que l'on remplit de vinaigre ; on laisse le tout en infusion pendant quinze jours. Au bout de ce temps on décante la liqueur, on exprime le marc, et on filtre, soit au coton, soit au papier gris, pour être mise ensuite en bouteilles, qu'on tient bien bouchées, et dans un endroit frais.

Vinaigre surare.

On choisit des fleurs de sureau au moment de leur épanouissement ; on les épluche en ne laissant aucune partie de la tige, qui donneroit de l'âcreté.

On met ces fleurs à demi séchées dans le vinaigre, et on expose la cruche bien bouchée à l'ardeur du soleil, pendant deux décades ; on décante ensuite ; on exprime, et on filtre comme ci-dessus.

Si, comme on le recommande dans tous les livres, on laissoit le vinaigre surare sur son marc sans le passer, pour s'en servir au besoin, loin d'avoir plus de qualité, il se détérioreroit bientôt ; il convient donc d'en séparer le marc, et de distribuer la liqueur dans des bouteilles.

Vinaigre rosat.

On obtient un vinaigre agréable pour le goût et pour la couleur, avec du vinaigre blanc, dans lequel on a mis infuser au soleil, pendant une décade, des roses effeuillées : mais il faut avoir soin d'exprimer fortement le marc, de filtrer la liqueur, et de la distribuer dans des vases bien bouchés. C'est en suivant ce procédé qu'on prépare un vinaigre d'un goût très-agréable avec des fleurs de vigne sauvage, en l'exposant de la même manière au soleil.

Vinaigre composé pour la salade.

Il arrive souvent que l'on mêle ensemble les trois vinaigres dont il vient d'être question, ou bien que les fleurs dont ils portent le nom sont mises à infuser dans le même vinaigre : mais voici une composition qui paroît suppléer à ce qu'on appelle vulgairement la fourniture des salades.

Prenez de l'estragon, de la sariette, de la civette, de l'échalotte et de l'ail, de chacun trois onces (environ un hectogramme); une poignée de sommités de menthe, de baume; le tout séché, divisé, se met dans une cruche, avec huit pintes (7 litres 44 centilitres) de vinaigre blanc. On fait infuser pendant quinze jours au soleil : au bout de ce temps, on verse le vinaigre, on exprime, on filtre ensuite, et on garde le vinaigre dans des bouteilles parfaitement bouchées.

Vinaigre de lavande.

Dans le très-grand nombre des vinaigres dont la parfumerie fait commerce, nous n'en citerons qu'un seul; il servira d'exemple pour ceux de ce genre qu'on peut employer à la toilette.

Prenez des fleurs de lavande promptement séchées au four ou à l'étuve; mettez-en demi-livre (244 grammes 573 milligrammes) dans une cruche, et versez par-dessus quatre pintes de vinaigre blanc (3 litres 72 centilitres). Laissez le tout infuser au soleil; et après huit jours d'infusion, passez, exprimez le marc fortement, et filtrez à travers le papier. Ce vinaigre de lavande, préparé ainsi par infusion, est infiniment plus agréable et moins cher que celui obtenu par distillation. On peut opérer de la même manière pour la préparation du vinaigre de sauge, de romarin, etc.

Vinaigre des Quatre-Voleurs.

La pharmacie a aussi ses vinaigres aromatiques, dont nous nous abstiendrons de présenter la nomenclature. Nous nous arrêterons à celui dit des quatre-voleurs, à cause du métier que faisoient ceux qui en donnèrent la recette pour avoir leur grace.

Pour quatre pintes (3 litres 72 centilitres) de vinaigre blanc, l'on prend grande et petite absinthe, romarin, sauge, menthe, rue, de chacun à demi-séché une once et demie (46 grammes); deux onces (61 gramm.) de fleurs de lavande sèche ; ail, acorus, canelle, girofle et muscade, de chacun deux gros (7 gramm.) ; on coupe les plantes, on concasse les drogues sèches, et on les fait infuser au soleil durant un mois, dans un vaisseau bien bouché : on coule la liqueur, on l'exprime fortement, et on la filtre, pour y ajouter ensuite demi-once (15 grammes) de camphre dissous dans un peu d'esprit de vin.

Propriétés médicales et économiques du vinaigre.

Le vinaigre est d'un grand usage dans la vie ordinaire, comme l'assaisonnement piquant et agréable de beaucoup d'espèces d'alimens. Les arts l'emploient utilement et d'une manière variée. Combien ne doit-on pas à cet acide de couleurs vives et de nuances brillantes! Mais c'est sur-tout en médecine qu'il est recommandable. Les praticiens les plus expérimentés l'ont placé au rang des remèdes les plus salutaires, administré intérieurement : on l'applique aussi à l'extérieur, seul ou combiné avec d'autres substances.

Les ordonnances de marine qui prescrivent aux capitaines de vaisseaux de ne se mettre en mer qu'avec une provision considérable de vinaigre, pour laver les ponts, entreponts et chambres, au moins deux fois par décade, de tremper dans cet acide les lettres écrites des pays suspectés de maladies contagieuses, prouvent assez que de tous les temps on a regardé le vinaigre comme le plus puissant prophylactique, l'antiputride le plus assuré. On sait que, dans les hôpitaux, il a obtenu, pour les purifier, la préférence sur les substances aromatiques ; mais c'est sur-tout en expansion, comme tous les acides dans l'état de gaz, qu'il forme des combinaisons avec les miasmes, qu'il les détruit, et rend à l'air dans lequel ils étoient comme dissous, sa pureté et son élasticité.

L'efficacité du vinaigre est sur-tout démontrée, lorsque, pour corriger l'air corrompu des chambres où l'on tient les vers à soie, et les préserver des maladies, on en arrose le plancher à diverses reprises. Nous disons arroser, et non jeter sur une pelle rouge, comme cela se pratique journellement pour chasser les mauvaises odeurs; car c'est une erreur de croire que, décomposé et réduit ainsi en vapeurs, le vinaigre possède une pareille propriété; il ne fait, comme les parfums, que surcharger l'air, diminuer son ressort, et rendre encore plus sensible l'odeur infecte qu'on avoit voulu enchaîner. Il faut donc éparpiller le vinaigre sur le sol des endroits qu'on a intention de désinfecter, ou l'exposer dans des vaisseaux à large orifice, et non le vaporiser par le feu.

Quand il règne des chaleurs excessives, les fermiers qui comptent pour quelque chose la santé des moissonneurs, ajoutent du vinaigre à l'eau pour aciduler leur boisson. On fait avaler un peu de cet acide aux poissons d'eau douce, dès que l'on craint qu'ils n'aient cette saveur de boue si désagréable. Enfin, uni au sucre et au miel, il forme des sirops dont voici le plus récherché.

Sirop

Sirop de Vinaigre.

Ce sirop est comme celui de la groseille, qui, étendu dans une certaine quantité d'eau, offre une boisson rafraîchissante, et d'un goût très-agréable. On le prend avec plaisir dans les chaleurs de l'été; il désaltère promptement, délicieusement, et à peu de frais. la préparation en est simple, d'une exécution facile; et il n'y a personne qui ne soit capable de l'exécuter, en suivant exactement ce que nous allons indiquer.

Il faut se servir d'une cruche de grès; l'on fait infuser dans une pinte et demie ou deux pintes (environ deux litres) de bon vinaigre, autant de framboises bien mûres et bien épluchées qu'il pourra y en entrer, sans que le vinaigre surnage. Après huit jours d'infusion, l'on verse tout à-la-fois et le vinaigre et les framboises sur un tamis de soie; on laissera passer librement la liqueur sans presser le fruit. Le vinaigre étant bien clair et bien imprégné de l'odeur de la framboise, l'on en prend seize onces (489 grammes); et pour ces seize onces, on prend trente onces (917 grammes) de sucre que l'on concasse grossièrement : on le mettra dans un matras; on versera le vinaigre aromatique par-dessus; on bouchera bien le matras, et on le placera au bain-marie, à un feu très-modéré. Aussitôt que le sucre est fondu, on laisse éteindre le feu, et le sirop étant presque refroidi, on le met en bouteilles, qu'il faut avoir soin de bien boucher, et de placer dans un lieu frais.

Nous répéterons, en terminant cet article, ce que nous avons dit en le commençant : Le vinaigre est agréable au goût et à l'odorat. Il devient indispensable, dans une foule de maladies, en état de santé, et dans les arts. On doit donc le considérer comme un des produits les plus dignes de fixer l'attention de l'économie rurale et domestique.

F I N.

TABLE

DES CHAPITRES.

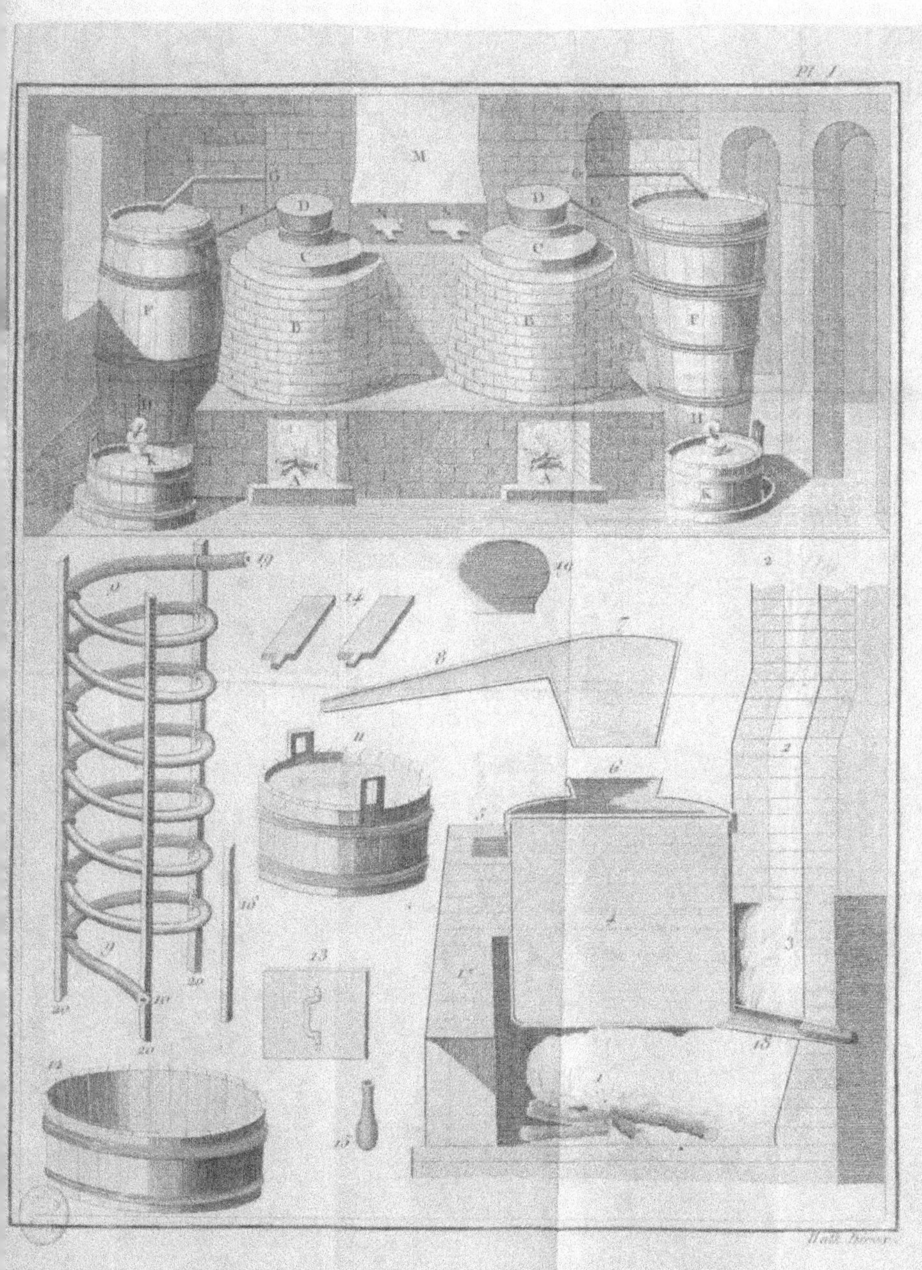

Pl. I.

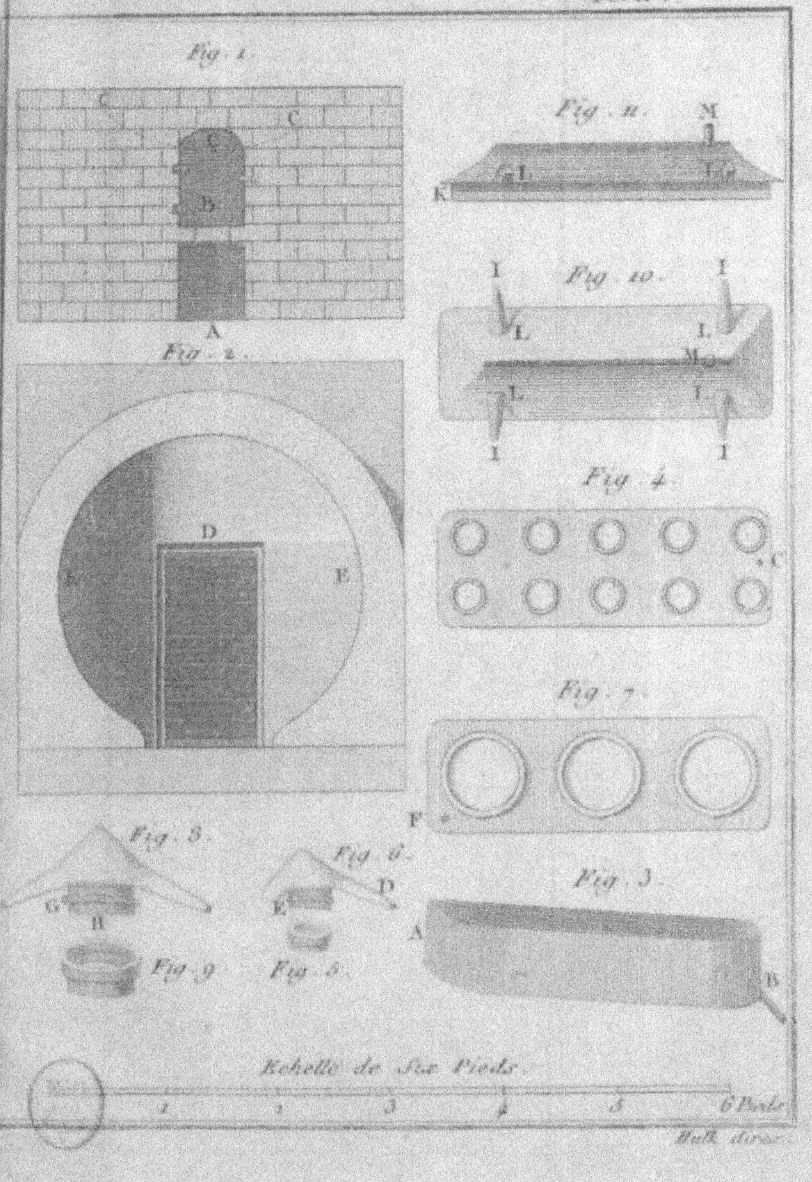
Fig. 1.
C
C
C
B
A
Fig. 2.
D
E
E
Fig. 11.
M
G L
G
K
Fig. 10.
I
I
L
L
M
L
L
I
I
Fig. 4.
C
Fig. 7.
F
Fig. 8.
G
H
Fig. 6.
D
E
A
Fig. 3.
A
B
Fig. 9.
Fig. 5.
Echelle de Six Pieds.
1   2   3   4   5   6 Pieds.

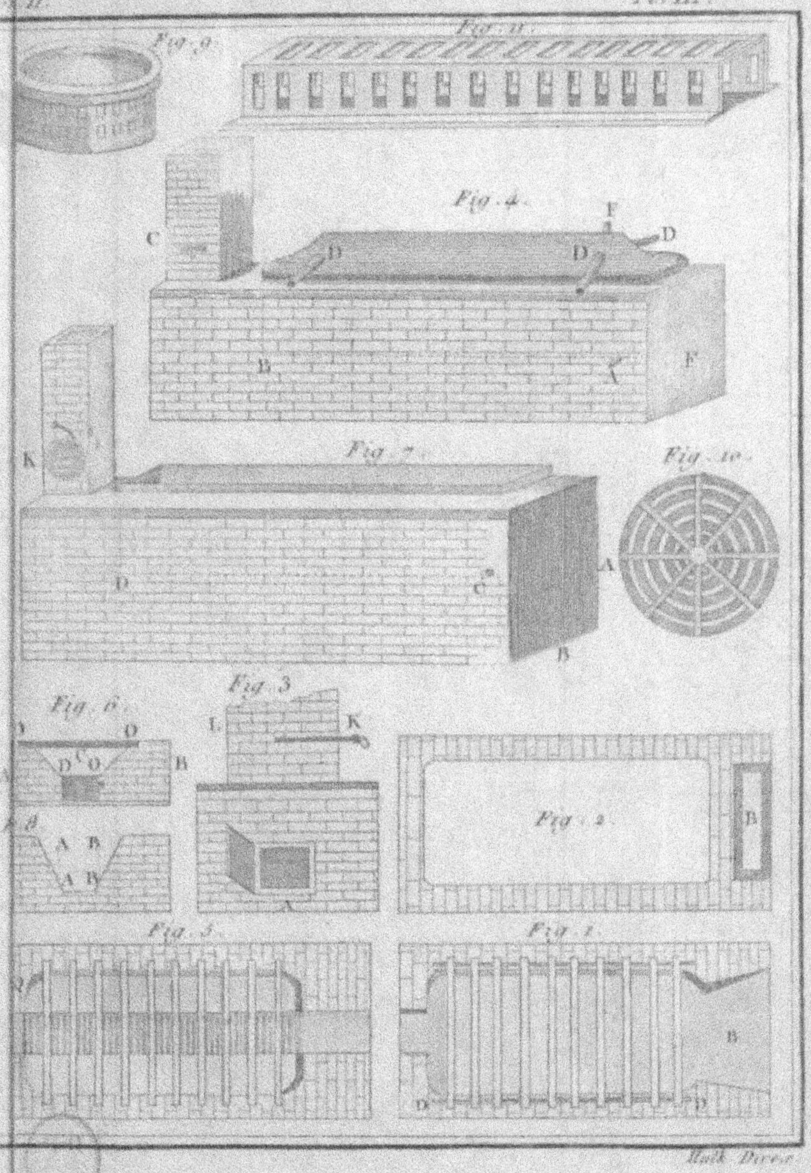
Pt. III.
Fig. 9.
Fig. 11.
Fig. 4.
C
D
D
F
D
B
E
K
Fig. 7.
Fig. 10.
D
C
A
B
Fig. 6.
Fig. 3.
L
K
O
A
D O
B
A B
A B
Fig. 2.
B
Fig. 5.
Fig. 1.
D
B
D
Hull Direx.

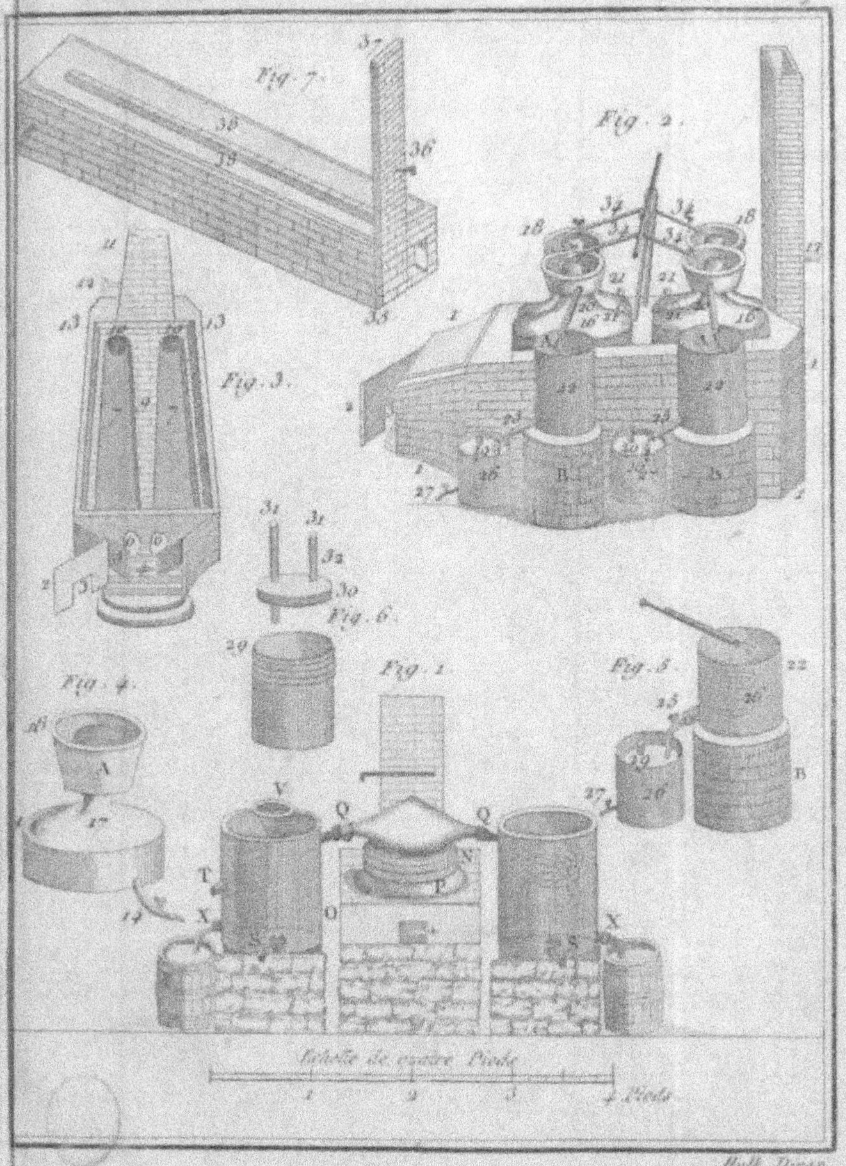
Pl. IV.
Fig. 7.
Fig. 2.
Fig. 3.
Fig. 6.
Fig. 4.
Fig. 1.
Fig. 5.
Echelle de quatre Pieds
1   2   3   4 Pieds

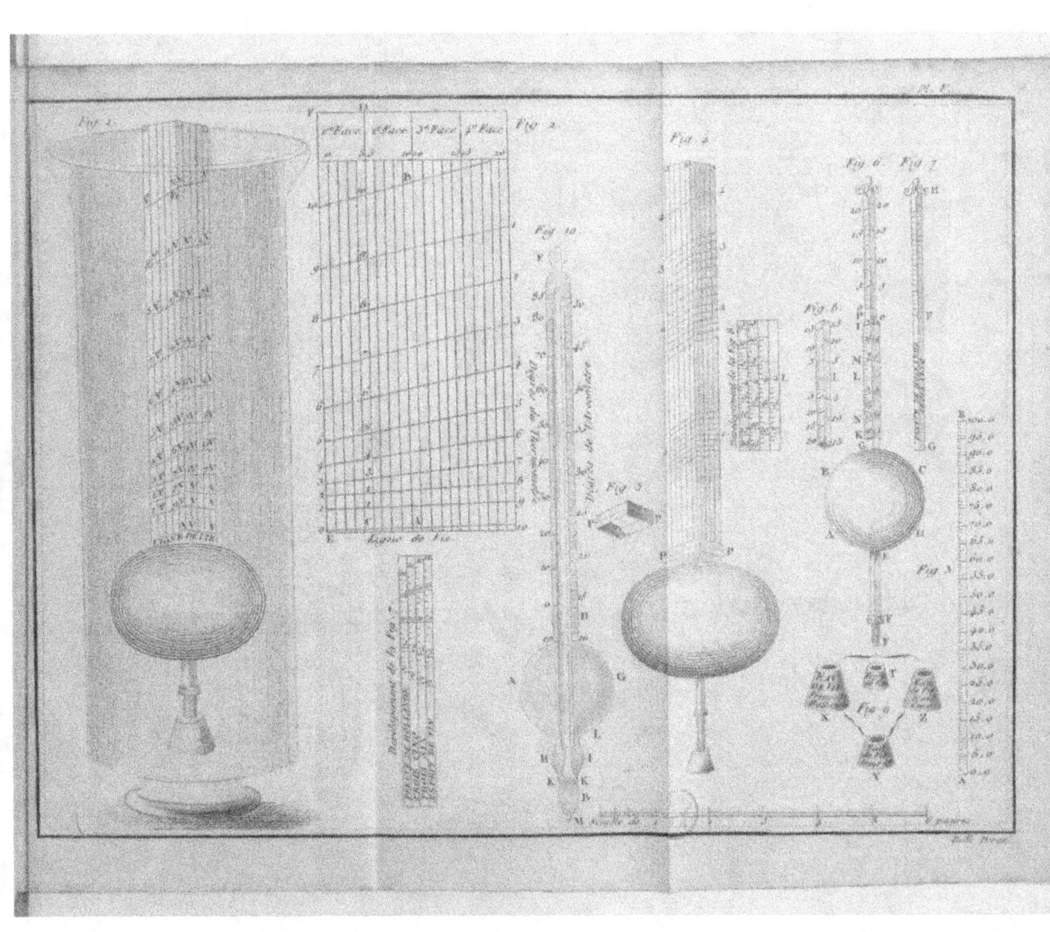